전통건축 개론

전통건축 개론

김창언 · 박정민 · 이재호 공저

SEOWOO PUBLICATIONS

전통건축 개론

인쇄 · 2018년 3월 5일
발행 · 2018년 3월 15일

공 저 · 김창언 · 박정민 · 이재호
펴낸이 · 이 석 한
펴낸곳 · 도서출판 서우
주소 · 서울시 은평구 대조동 188-8
전화 · (02) 383-1696, 1697
팩시밀리 · (02) 387-9578
등록번호 · 제8-159호
가격 · 35,000원

ISBN 978-89-97153-42-8 93540

머리말

최근 전통건축에 대한 관심과 수요가 날로 증가하고 있으며, 생활에 여유를 가짐으로 인해 고택체험, 목조주택 건설 등 일반인들에게도 전통건축문화에 대한 이해 및 관심이 과거에 비해 많이 높아진 것이 사실이다.

본 서는 이러한 여건을 고려하여 건축실무에 종사하는자, 건축을 배우는 건축학도뿐만 아니라 일반인들이 전통건축에 보다 친근감과 흥미를 가지고 접근할 수 있도록 전통건축 구조와 의장에 대한 내용을 보다 간략하고 알기 쉽게 정리하였으며, 많은 사진을 곁들여 집필하고자 노력하였습니다.

본 서를 바탕으로 불교건축, 유교건축, 주거건축 등 각종 상세건축에 대해서 추후 내용을 정리하여 풍부한 사진과 해설을 곁들여 집필하고자 합니다

그러나 원래 천학비재에다 경험이 부족하므로 모든 것이 충분히 배려되었는지는 의심스럽습니다. 본 서의 부족한 면은 앞으로 더욱 연구노력하여 보다 좋은 내용이 될 수 있도록 할 생각이며 선배제현들의 기탄없는 교시와 지도편달을 바라는 바입니다.

끝으로 본 서를 출간함에 있어 많은 도움을 주신 여러 지인들과 서우출판사 관계자 분들에게 심심한 감사를 드립니다.

저자 씀

차 례

1장. 시대별 전통건축의 주요 특징

1. 고구려시대 건축
2. 백제시대 건축
3. 신라시대 건축
4. 통일신라시대 건축
5. 고려시대 건축
6. 조선시대 건축
7. 근대건축

1. 고구려시대 건축

1-1. 도성 및 궁궐건축

■ 도성계획

(1) 도읍을 졸본성, 국내성, 환도성, 평양성, 장안성 등으로 천도

(2) 국내성, 만주 통구 지방, 방형성으로 사방에 성문 설치

(3) 장안성, 586년(평원왕 2년), 중국 수나라의 도성제를 참고하여 현재의 평양일대에 건설, 중국식 도성계획 기법(방리제)를 최초 적용한 실례

■ 궁궐건축

(1) 중국의 궁궐건축형식과 유사하며 중국 사기 천관서에 있는 오성좌를 배치의 기본형식으로 함

(2) 안학궁, 평양 대성산

- 약 12,000평의 성곽내에 52동의 건물과 정원으로 구성된 대규모 궁궐
- 동궁, 서궁, 남궁, 북궁, 중궁 등 5개의 궁전을 오성좌에 의해 배치
- 전인 남궁을 통과하는 남북축의 중심으로 좌우대칭으로 배치

(3) 기타 궁궐유적지

- 국내성의 궁궐지, 만주 통구 지방
- 청암리 유적지, 평양 대성산 부근

1-2. 불사건축

■ 건축개요

(1) 375년(소수림왕 2년) 중국의 북위로부터 불교가 전래되어 초문사와 이불란사를 최초로 창건하였다고 삼국사기에 기록

(2) 궁궐건축의 배치형식으로부터 영향을 받았으며 중국의 사기의 천관서에 있는 오성좌에 의한 배치형식을 가람배치의 기본형식으로 함

(3) 일탑식 가람배치를 사용

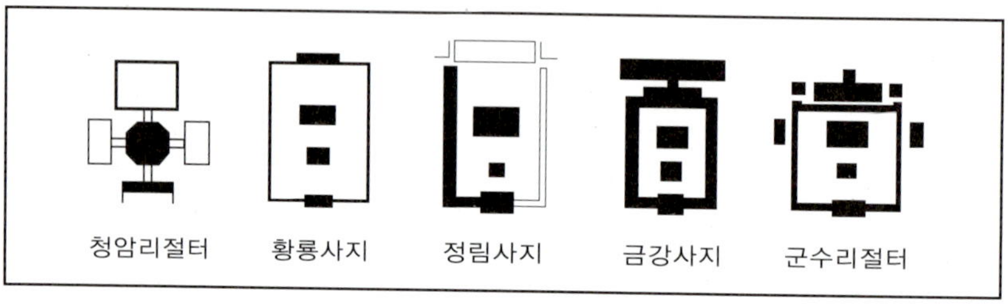

■ 건축실례

(1) 청암리사지, 평남 평양

- 성좌에 의한 가람배치
- 팔각형의 목탑지를 중심으로 동서남북에 각각 건물의 기단지가 위치
- 서, 북쪽은 금당의 기단지로 남쪽은 중문의 기단지로 각각 추측
- 일탑삼금당의 가람배치로서 불탑 중심의 가람

(2) 기타 사찰 유적지

- 정릉사지, 상오리사지, 월오리사지
- 모두 청암리사지와 유사한 가람배치로 추측

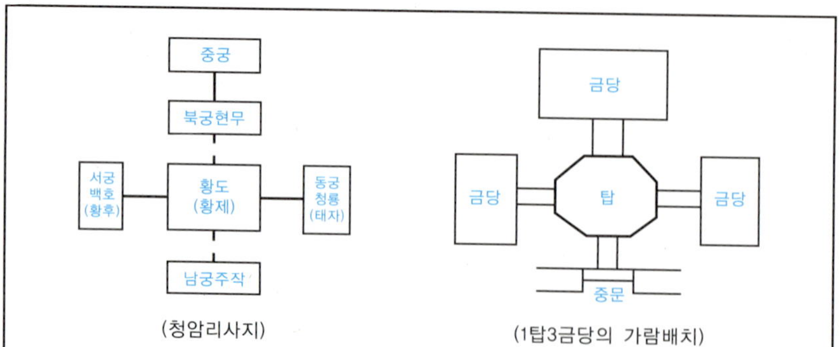

(청암리사지) (1탑3금당의 가람배치)

1-3. 기타건축

■ 주거건축

(1) 문헌 및 고분벽화를 통해 당시의 주거양식을 추측

(2) 왕궁, 관아, 사찰 귀족주택은 기와지붕이고 일반주택은 초가지붕

(3) 왕족과 상류계층은 침대, 탁자, 의자 등을 사용

(4) 장갱을 이용한 난방방식

- 바닥에 장갱을 설치하고 겨울에는 불을 때서 열을 이용하여 난방
- 일반서민이 이용한 난방방식으로 온돌의 시원적인 구조
- 고구려시대의 주거지인 토성리 유적에서 화도가 발견됨

■ 분묘건축

(1) 고구려 고분은 외형에 따라 석총과 토총으로 구분

(2) 석묘총 : 장군총, 태왕릉 등이 대표적 실례

(3) 토총묘

- 묘실의 벽면에는 프레스코 기법으로 사신도를 그려 장식
- 묘실의 천장은 귀접이 천장을 사용
- 귀접이 천장 : 두팔천장, 말각조정 천정이라고도 하며 상부로 올라갈수록 천정을 좁혀들기 위해 모서리에서 45도 방향으로 판석을 내밀어 모서리를 귀접이하며 층층이 쌓아 올린 천장양식

(3) 쌍영총, 무영총, 쌍용총, 우현리대총 등이 대표적 실례

■ 탑파건축

(1) 청암리사지 목탑지

(2) 상오리사지 목탑지

2. 백제시대 건축

2-1. 도성 및 궁궐건축

■ 도성계획

(1) 도읍을 위례성, 웅진, 사비 등으로 천도

(2) 사비성, 성왕 16년, 538년

- 평지에 도성을 건설하고 부근의 산지에 산성을 독립적으로 건설하는 종래의 고성계획에서 탈피 중국식 축성법인 시가지포위식 축성법을 최초로 응용
- 우리나라의 산성식과 중국의 시가지 포위식 축성법을 혼합
- 도성내에 부소산성을 만들고 시가지를 포함하여 축성

(3) 성홍산성, 임천

- 계곡을 포함하지 않고 산정을 중심으로 방형으로 축성
- 고구려와 신라에는 유래가 없는 독특한 축성법

■ 궁궐건축

(1) 구체적으로 발굴자료는 없으나 고구려와 마찬가지로 장대하고 화려했을 것으로 추정.

(2) 사비궁, 망해궁, 황화궁, 태자궁 등의 궁궐이 사비성내에 있었음.

(3) 백제는 발달된 궁궐건축과 조원의 기술을 일본에 전래

2-2. 불사건축

■ 건축개요

(1) 고구려의 가람배치형식을 계승발전시켜 일탑식 가람배치를 형성

(2) 중문, 불탑, 금당, 강당의 순으로 일직선상에 배치하고 좌우대칭으로 회랑을 돌리는 일탑일금당식 가람이 대부분. 예외적으로, 미륵사지는 일탑삼당식 가람

(3) 신라와 일본의 가람배치에 영향.(신라의 황룡사와 일본의 사천왕사)

■ 건축물 실례

(1) 미륵사지, 전북 익산, 7세기 초 창건
- 백제의 대표적인 가람배치 형식
- 일탑식 가람배치가 3개 복합된 대규모 가람배치로 동양 최대규모로 추측됨
- 3개의 탑중 현존하는 서탑은 백제의 석탑중 가장 대규모로 목조탑 형식을 취한 석조탑(가구식구조 기법과 공포기법을 사용)

(2) 정림사지, 충남 부여, 7세기 초 창건
- 전형적인 백제의 일탑식 가람배치
- 5층 석탑은 부드럽고 세련된 외관으로 백제의 석탑양식을 대표

(3) 기타 백제의 일탑식 가람배치 실례
- 군수리사지, 충남 부여
- 동남리사지, 충남 부여
- 금강사지, 충남 부여

2-3. 기타건축

■ 주거건축

(1) 삼국중 주택 관련 자료가 가장 빈약

(2) 고구려의 주거건축과 유사하였을 것으로 추측

(3) 말기에는 고구려의 영향으로 온돌을 사용했을 것으로 추측

■ 분묘건축

(1) 송산리 6호분, 충남공주

- 조적식 구조로서 장방형 평면의 묘실의 천장은 한국건축으로서는 드물게 보울트 구조
- 벽면에는 프레스코 기법의 사신도가 그려져 있음.

(2) 무녕왕릉, 충남 공주

(3) 능산리 고분 벽화, 충남 부여

■ 탑파건축

(1) 발달된 건축술을 바탕으로 하여 7세기 초부터 삼국 중에서 선구적으로 석탑을 축조

(2) 미륵사지 석탑, 전북 익산, 7세기 초

- 공포구조 등 목탑의 기법을 적용한 석탑으로서 목탑으로부터 석탑으로의 변화과정을 예시한 탑파

(3) 정림사지 5층석탑, 충남 부여, 7세기 초

- 초층탑신에 〈대당평백제국〉라고 새겨져 백제멸망의 비운을 전해주는 탑

(4) 군수리사지 목탑지, 충남 부여

3. 신라시대 건축

3-1. 도성 및 궁궐건축

■ 도성계획

(1) 건국 당시 경주를 도읍으로 정한 이후 1000년간 이도하지 않고 지속

(2) B.C. 37년 금성을 건설하고 101년 월성을 건설하여 도시를 확장

(3) 고구려의 장안성, 백제의 사비성와는 달리 도시전체 외곽을 둘러싸는 나성을 축성하지 않음.

(4) 주위에 산성을 쌓아 나성의 역할을 대신

■ 궁궐건축

(1) 고구려, 백제 및 중국 당나라의 영향을 받음

(2) 건국초 부터 궁궐건축은 비교적 검소하였던 것으로 추측

(3) 처음에는 금성에 궁궐을 건축하였으며 월성을 건설한 후 월성으로 이주

3-2. 불사건축

■ 건축개요

(1) 백제의 일탑식 가람배치로부터 영향

(2) 534년(법흥왕 21년) 흥륜사와 영흥사를 최초로 건축

(3) 황룡사가 신라의 가람배치를 대표

■ 건축물 실례

(1) 황룡사, 경북 경주, 553년 창건
- 9층 목탑을 중심으로한 일탑삼금당식 가람배치로 신라사찰중 최대규모

(2) 분황사, 경북 경주, 634년(선덕왕 3년) 창건
- 일탑식 가람배치로 추정
- 안산암을 전같이 가공하여 축조한 모전석탑이 유명

3-3. 기타건축

■ 주거건축

(1) 신라와 통일신라의 주거건축은 상호유사하며 시대적 구분이 명확치 않음

(2) 통일신라의 주거건축을 참조할 것

■ 분묘건축

(1) 외형은 모두 큰 봉분토이나 내부구조에 따라 적석목곽분과 석곽분으로 구분

(2) 적석목곽분 : 금관총, 금령총, 천마총 등이 유적으로 현존

(3) 석곽분 : 경북 고령 고아동의 벽화고분이 유적으로 현존

■ 탑파건축

(1) 분황사 모전석탑, 경북 경주, 634년
- 신라 최고의 석탑으로 안산암을 장방형의 벽돌 형태로 다듬어 축조
- 원래는 9층 석탑이었으나 현재는 3층만 현존

(2) 황룡사 9층 목탑, 경북 경주
- 백제의 아비지가 축조한 한국 최대규모의 목탑

■ 첨성대(경주)

(1) 천문과 기후를 관측하는 동양최고의 천문대

(2) 건축형태는 부드러우면서도 단아한 곡선미를 표현

■ 석빙고(경주)

(1) 여름에 사용할 얼음을 보관하는 얼음 창고

(2) 화강석으로 쌓았으며 출입문은 내외 2중문, 상부는 보울트 구조

(천마총)

(첨성대)

(분황사 모전석탑)

(석빙고)

4. 통일신라시대 건축

4-1. 도성 및 궁궐건축

■ 도성계획

(1) 신라시대 이래 경주를 지속적으로 도읍으로 함.

(2) 695년(효소왕 4년) 황룡사를 중심으로 도시를 확장한 이후 수차례 걸쳐 확장

(3) 방리제의 적용
- 도시를 확장하는 과정에서 당시 중국의 수, 당에서 사용되던 방리제를 적용
- 초기에는 방리제를 적용하였지만 후기에는 자연지형에 따라 가로망을 확장
- 방리제를 적용했지만 중국의 기하학적이고 정형적인 도시형태와는 달리 경주는 도시형태가 자연지형에 따라 불규칙적으로 형성됨.

■ 궁궐건축

(1) 통일신라 궁궐유적으로는 별궁인 동궁지와 포석정이 현존

(2) 동궁의 안압지 및 임해전지, 경북 경주
- 안압지는 중국 당나라 장안성의 금원을 모방하여 조원한 궁궐의 정원
- 임해전은 군신들이 현회를 베풀고 외국사신을 영접하는 영빈관 건물

(3) 포석정, 경북 경주, 9세기경 : 석조수로로 이루어진 궁궐의 유원지

4-2. 불사건축

■ 건축개요

(1) 삼국시대의 일탑식 가람배치에서 이탑식 가람배치로 발전

(2) 금당이 가람의 중심이 되었으며 금당의 전면 양측에 2개의 탑을 세움.

(3) 중기이후 밀교, 선종의 성행으로 내적성찰을 중요시하게 되어 산지가람을 조영

■ 건축물 실례

(1) 불국사, 경북 경주, 536년(법흥왕 27년) 창건
- 김대성에 의해 건축 · 다보탑과 석가탑을 중심으로한 이탑식 가람배치

(2) 기타 이탑식 가람배치 실례
- 감은사지, 경북 월성
- 사천왕사지, 경북 경주
- 망덕사지, 경북 경주
- 천군리사지, 경북 경주
- 실상사시, 선북 남원
- 석굴암, 경북 경주 토함산, 8세기경 : 인도, 중국에서 4,5세기경 유행했던 자연석굴을 사원을 모방한 인공적인 석굴사원으로 김대성에 의해 건축 사각형 평면의 전실과 원형 평면의 주실로 구성

(3) 불상이 있는 주실의 천장은 돔 구조

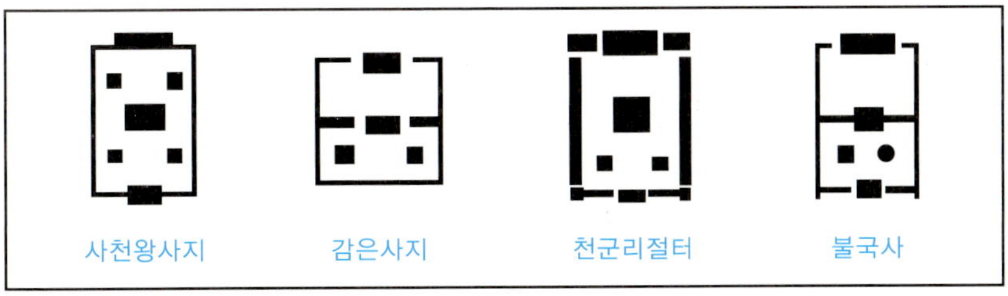

4-3. 기타건축

■ 주거건축

(1) 신라와 통일신라의 주거건축은 상호유사하며 시대적 구분이 명확지 않음.

(2) 삼국사기와 삼국유사에 당시의 주거양식에 관한 기록이 전래

(3) 건축규제와 가사제한

- 골품제도에 의해 주거양식을 제한
- 신분계급에 따라 대지의 규모, 주택의 규모와 사용재료 등을 제한

(4) 기후조건으로 보아 마루구조를 사용하였을 것으로 추측되며 온돌의 사용여부는 불분명

■ 탑파건축

(1) 삼국통일 이후 석탑건축이 현저하게 발달

(2) 석탑

- 감은사지 동서 3층 석탑, 경북 월성, 682년 : 삼국통일을 계기로 이전의 탑파양식이 집약정돈된 석탑으로 전형적인 한국석탑의 시원적인 양식의 석탑
- 실상사 백장암 동서 3층 석탑, 전북 남원, 9세기 후반, 탑신에 목조건축의 공포와 난간을 모각한 석탑
- 화엄사 사사자 4층 석탑, 전남 구례 : 8세기 중반 탑신이 네 마리의 사자로 구성된 독특한 형식의 석탑
- 불국사의 석가탑과 다보탑, 경북 경주
- 정혜사지 13층 석탑, 경북 월성, 9세기 경
- 원원사지 3층 석탑, 경북 월성, 8세기 후반
- 창령 술정리 3층 석탑, 경남 창령, 8세기 후반
- 진전사지 3층 석탑, 강원 양양, 8세기 후반
- 고선사지 3층 석탑, 경북 경부, 686년
- 나원리 5층 석탑, 경북 원성 나원리
- 천군리사지 동서 3층 석탑,

(3) 목탑

- 사천왕사 탑, 경북 경주
- 망덕사 탑, 경북 경주

(4) 전탑

- 송림사 5층 전탑, 경북 칠곡
- 안동 동부동 5층 전탑, 경북 안동

■ 특수형식탑

(1) 의성 탑리 5층 석탑, 경북 의성, 7세기 후반 : 초층탑신은 목조건축형식이고 옥개석 부분은 전탑 형식으로 된 목전혼합 형식의 석탑

(감은사지 3층석탑)

(화엄사 사사자삼층석탑)

(정혜사지 13층 석탑)

(나원리 5층석탑)

5. 고려시대 건축

5-1. 목조건축양식

■ 개요

(1) 초기에는 통일신라의 건축수법을 계승

(2) 고려중기에 주심포양식이, 고려후기에 다포양식이 각각 발생됨

(3) 이 두가지 공포양식은 이후 한국 목조건축양식의 주류를 형성

■ 주심포양식

(1) 고려시대 중기 중국 송나라로부터 전래

(2) 고려시대의 주류적인 공포양식으로 당시의 주요건물에 사용

(3) 고려시대 주심포양식은 주두와 소로의 굽면이 곡면이며 각각 굽받침을 지님

(4) 봉정사 극락전은 고려시대의 주심포양식 건물오서는 예외적으로 주두와 소로가 굽받침을 지니지 않음

(5) 건물실례

- 봉정사 극락전, 경북 안동, 12세기말
- 부석사 무량수전, 경북 영주, 13세기 초
- 수덕사 대웅전, 충남 예산, 1308년
- 성불사 극락전, 황해 해주, 고려말
- 강릉 객사문, 강원 강릉, 14세기 경

(봉정사 극락전)

(부석사 무량수전)

(수덕사 대웅전)

(강릉 객사문)

■ 다포양식

(1) 고려시대 말기 중국 원나라로부터 전래

(2) 기둥상부에만 공포를 배치하는 주심포양식과는 달리 주간에도 공포를 배치

(3) 주간에 공포를 배치하기 위해 창방 위에 다포양식 특유의 부재인 평방을 덧대어 구조적으로 보강

(4) 건물실례
- 심원사 보광전, 황해도 해주, 1374년
- 석왕사 응진전, 함남 안변, 1386년
- 경천사 10층 석탑, 서울 1349년 : 탑신의 옥개석 하부에 다포양식의 공포구조를 조각

(경천사 10층석탑)

(심원사 보광전)

(석왕사 응진전)

5-2. 도성 및 궁궐건축

■ 도성계획

(1) 개성

- 풍수지리 사상의 영향을 받아 태조 2년인 919년 정도
- 자연지형과 기능에 따라 비교적 자유스러운 형상으로 발전

(2) 삼경의 설치

- 풍수지리 사상의 영향으로 설치
- 개경을 수도로 하고 동경(경주), 서경(평양), 남경(서울)의 삼경에 도성을 각각 축성

■ 궁궐건축

(1) 만월대, 장락궁, 수창궁 등이 건설되었으나 만월대만이 유구로서 확인됨.

(2) 만월대, 개성

- 궁궐은 일반적으로 평지지형에 건설되나 만월대는 경사지형에 건설
- 경사지형에 형성된 수개의 단지에 분절된 남북 축을 따라 건축물등울 배치
- 정문인 승평문과 정전인 회경전 및 장화전, 원덕전, 장경전 등의 건축물로 구성

5-3. 불사건축

■ 건축개요

(1) 통일신라의 이탑식 가람배치를 계승하고 일탑식 가람배치도 겸용

(2) 풍수지리 사상의 영향으로 산지가람이 성행

(3) 도읍에서 멀리 떨어진 심산유곡의 경사지형에 건물을 자유스럽게 배치

(4) 이전 시대의 대칭적이고 정형적인 가람배치가 붕괴

(5) 지형적인 관계로 회랑이 없어지고 중문이 루의 형식의 건물로 바뀜

■ 가람배치 실례

(1) 일탑식 가람배치 실례 : 불일사, 영주 부석사, 안동 봉정사, 예산 수리사, 개성 개국사 등

(2) 이탑식 가람배치 실례 : 흥왕사, 보림사 등

■ 주요 사찰 건축물

(1) 봉정사 극락전, 경북 영주, 12세기 말 : 고려 시대 주심포식 건물로서는 예외적으로 주두와 소로가 굽받침을 지니지 않음. 주심포식, 단층 맞배지붕으로서 기둥의 배흘림이 뚜렷함.

(2) 부석사 무량수전, 경북 영주, 13세기 초 : 외관이 장중하고 안정감이 있어 한국건축중 가장 아름다운 목조건축물. 주심포식, 단층 팔작지붕 건물로서 기둥의 배흘림이 뚜렷함. 내부의 주불인 아미타불이 일반적인 남향이 아닌 동향을 한 특수한 예의 건물

(3) 수덕사 대웅전, 충남 예산, 1308년 : 건물측면의 가구조직이 한국건축의 구조미를 잘 나타낸 건물로 주심포식, 단층 맞배지붕으로서 헛첨차와 우미량을 사용

(4) 성불사 극락전, 황해도 해주, 1320년 경 : 고려 후기의 주심포식 건물

(5) 심원사 보광전, 황해도 해주, 1374년 : 고려시대의 대표적인 다포양식 건축물

(6) 석왕사 응진전, 함남 안변, 1386년 : 고려시대의 대표적인 다포양식 건축물

(봉정사 극락전)

(부석사 무량수전)

(수덕사 대웅전)

(부석사 조사당)

5-4. 기타건축

■ 주거건축

(1) 왕족과 상류계층은 중국식으로 의자, 탁자, 침상 등을 이용

(2) 온돌구조가 삼국시대와 같이 북부지역에만 한정되지 않고 서민주거에 전국적으로 널리 이용됨.

(3) 풍수지리사상의 영향

- 음양오행설에 의한 풍수지리 사상이 주택의 입지와 규모에 영향
- 전국토가 산지지형이므로 음양의 조화를 위해 단층의 주택을 지어야한다고 강조

(4) 고려말기 부터는 유교의 영향으로 주택내에 가묘, 즉 사당을 설치

■ 탑파건축

(1) 초기에는 신라 및 백제 탑파양식을 계승하고 중기에는 절충양식을 건설하고 후기에는 전형적인 고려석탑형식을 완성

(2) 석탑

- 금산사 육각 다층석탑, 전북 김제, 11세기경
- 월정사 팔각 9층 석탑, 강원 평창, 1000년 경
- 개심사지 5층 석탑(1010년), 경북 예천
- 마곡사 5층 석탑, 충남 공주, 14세기 경
- 남계원지 7층 석탑, 서울 경복궁내

- 홍국사지 석탑, 황해 개성
- 보원사 5층 석탑, 충남 서산

(금산사 육각다층석탑)

(월정사 팔각9층석탑)

(마곡사 5층석탑)

(보원사 5층석탑)

(3) 목탑 : 현존하는 유적이 없음

(4) 전탑 : 신륵사 5층 석탑, 경기 여주

■ 특수형식탑

(1) 경천사지 10층 석탑, 서울 경복궁내, 1349년 : 탑신 옥개석 하부에 목탑 기법인 다포양식의 공포구조를 조각한 석탑

(2) 월남사지 3층 석탑, 전남 강진, 12세기 : 모전석탑

6. 조선시대 건축

6-1. 목조건축 양식

■ 건축개요

(1) 고려시대의 목조건축 수법을 계승발전시킴

(2) 주심포양식과 다포양식을 지속적으로 사용

(3) 이후 우리나라 독자적으로 익공양식을 개발하여 사용

■ 다포양식

(1) 가장 널리 사용된 공포양식

(2) 궁궐의 정전이나 사찰의 주불전 등의 주요건물에 사용

(3) 조선시대 후기로 갈수록 공포양식의 장식적이고 화려해짐

(4) 주요 건축 실례
- 남대문(1867년), 동대문(1869년)
- 경복궁 근정전(1867년), 창덕궁 인정전(1804년)
- 창경궁 명전전(1616년), 덕수궁 중화전(1908년)
- 화엄사 각황전(1703년), 금산사 미륵전(1635년), 통도사 대웅전(1645년), 봉정사 대웅전(조선초)

(경복궁 근정전)

(창경궁 명전전)

(화엄사 각황전)

(통도사 대웅전)

■ 주심포양식

(1) 조선시대 초기에만 주로 사용되고 중기이후로는 널리 사용되지 못함.

(2) 고려시대 주심포양식과는 달리, 다포양식과 마찬가지로 주두와 소로의 굽면은 사면이며 굽받침 없음.

(3) 건축실례

- 은해사 거조암 영산전, 경북 영천, 조선초
- 송광사 국사전과 하사당, 전남 승주, 조선초
- 무위사 극락보전, 전남 강진, 1746년

(은해사 거조암 영산전)

(송광사 국사전)

(송광사 하사당)

(무위사 극락보전)

■ 익공양식

(1) 조선시대초 우리나라에서 독자적으로 개발되어 사용된 공포양식

(2) 향교, 서원, 사당 등의 유교 건축물에 주로 사용

(3) 궁궐이나 사찰의 침전, 누각, 회랑 등 주요건물이 아닌 부차적 건물에 주로 사용

(4) 건축실례
- 오죽헌, 강원 강릉, 1536년
- 경복궁 경회루, 서울 1867년
- 청평사 회전문, 강원 춘천, 1557년
- 종묘 정전 및 영령전, 서울, 1608년
- 서울 문묘 명륜당, 서울, 1601년
- 옥산서원 독락당, 경북 월성, 1532년

(오죽헌)

(경복궁 경회루)

(청평사 회전문)

(옥산서원 독락당)

6-2. 도성 및 읍성계획

■ 도성계획

(1) 1394년(태조3년) 한성에 정도한 이래 조선왕조 500년간 지속

(2) 한성 도성계획의 특징
- 풍수지리 사상에 의해 명당의 입지에 정도
- 주변의 아름다운 자연환경을 배경으로 하여 궁궐을 중심으로 계획
- 한성의 자연지형을 우선으로 하여 중국식 도성계획 기법을 부분적으로 적용
- 기하학적, 정형적인 중국의 도성계획과는 달리 한성의 도성계획은 자연지형에 따른 불규칙적 형태
- 전체적인 가로망은 우회로와 불규칙한 곡선로로 구성

(3) 중국식 도성계획 기법의 적용 실례

- 좌조우사의 적용 : 궁궐인 경복궁과 창덕궁을 중심으로 좌측에 종묘, 우측에 사직단을 배치
- 면조후시의 적용 : 궁궐 앞쪽에 6조 관아를 배치. 방리제 적용. 도성 중심부의 일부 가로망은 격자형을 기본으로 함.

(3) 성곽계획

- 도성의 경계에는 지세에 따라 단형으로 성곽을 축조
- 근교의 주요산에는 북한산성, 남한산성 등의 산성을 쌓아 외침에 대비
- 주요지점에 도성의 출입구로서 사대문과 사소문을 설치
- 사대문 : 동쪽 흥인지문(일명 동대문, 현존), 서쪽 돈의문, 남쪽 숭례문(일명 남대문, 현존), 북쪽 숙청문
- 사소문 : 동북쪽 홍화문, 동남쪽 광희문, 서북쪽 창의문, 서남쪽 소덕문

(4) 남대문, 서울, 1448년 중건 : 중층 우진각 지붕으로 남한에서 현존하는 최고의 다포양식 목조건축물

(5) 동대문, 서울, 1869년 : 중층 우진각지붕의 다포양식 건축물

■ 읍성계획

(1) 조선시대에는 행정상 중요한 지점에 읍성을 국방상 중요한 지점에 산성을 설치

(2) 읍성의 계획기법

- 각도의 중요한 읍성에는 왕의 위패를 보관, 조정의 파견사신의 숙소로 사용되는 객사를 반드시 설치
- 왕권을 상징하는 객사를 읍성의 가장 중심 위치에 배정하고 객사의 전면에 광장 형성
- 서쪽에 문관이 사용하는 본부향청을 배치하고 동쪽에 중영, 훈련원, 군기고 등을 배치
- 향교 및 문묘는 약간 떨어져 한적한 곳에 배치

(3) 수원성, 경기 수원, 1794~96년(정조 18~20년) : 임진왜란의 경험과 실학사상을 바탕으로 서구식축성법을 참고, 동양에서 가장 발달된 형식으로 축성, 실학사상에 따라 건축의 규격화 계획적인 시공, 근대화 공법 등을 시도

- 정약용 등의 당시 실학자들이 축성과정에 참여, 〈화성성역의궤(1796년)〉를 통해 당시의 공사상황을 자세히 기록
- 성벽일부와 장안문, 팔달문, 화홍문, 화서문, 방화수류정 등의 건축물이 현존

(4) 완산성, 전북 전주 : 격자형 가로망을 기본으로 하여 곡선형 가로망을 구성, 읍성 성곽의 정문인 풍납문이 유명하며 전체 읍성의 평면형은 방형형태

(5) 낙안읍성, 전남 승주 : 관에 의해 계획된 한국 읍성 마을의 전형적인 실례

(6) 해미읍성, 충남 서산

(7) 청주성, 충북 청주

(수원성, 화서문)

(수원성, 팔달문)

(낙안읍성)

(헤미읍성)

6-3. 궁궐건축

■ 건축개요

(1) 조선시대 궁궐은 왕실의 존엄성과 권위를 상징하기 위해서 대규모로 화려하게 건축

(2) 중국의 궁궐건축의 영향을 받음

(3) 조선시대의 궁궐건축은 정무공간, 생활공간, 정원공간의 세 영역에 의해 구성

(4) 경복궁, 창경궁, 창덕궁, 덕수궁 등의 4대궁이 현존

■ 경복궁

(1) 1395년(태조3년) 창건, 1863~70년(고종2~7년) 재건

(2) 한국의 궁궐중 가장 대규모로서 한국의 궁궐건축을 대표

(3) 정전 등의 주요 건물은 남북축을 중심으로 좌우대칭으로 배치하고 부속건물과 정원은 비대칭적으로 자유스럽게 배치

(4) 정문인 광화문과 정전인 근정전 등 주요한 건물과 회랑은 남북축을 중심으로 좌우대칭으로 배치

(5) 정원공간으로 방지와 경회루, 향원지와 향원정 등이 있음.

(6) 주요건물

(경복궁)

(근정전)

(경회루)

(향원정)

- 근정전 : 다포양식, 팔작지붕 형식 중층건물로서 조선시대 궁궐의 정전 중 가장 대규모이며 조선후기의 대표적 건물
- 경회루 : 평면구조, 칸수, 기둥수, 부재길이 등을 주역의 이론에 의거 건축. 장비의

중앙에 위치한 익공양식의 2층 누각 건물

- 향원정 : 한국건축물로서는 예외적으로 평면이 6각형인 정자 건물
- 기타 건물 : 편전인 사정전과 만춘전, 침전인 강령전과 교태전, 내전인 자경전과 수정전, 건천궁, 동궁, 집옥재, 태원전, 홈경각, 함원전 등이 있음

■ 창덕궁

(1) 태종 5년 창건, 광해군초 재건

(2) 일반적으로 평지에 건설된 다른 궁궐과는 달리 경사지형에 건물들을 자유스럽게 비정형적으로 배치

(3) 창덕궁의 후원인 비원은 한국의 정원중 가장 아름다운 정원

(4) 주요건물

(창덕궁/비원)

(인정전)

(돈화문)

(낙선재)

- 인정전, 1804년 : 창덕궁의 정전. 다포양식의 중층 건물. 건물양식은 경복궁 근정전과 유사하나 근정전에 비해 단정하고 고전적인 인상

- 돈화문 : 창덕궁의 정문으로서 중층 우진각 지붕의 다포양식
- 기타건물 : 편전인 선정전과 내전인 대조전, 희정전, 선원전, 성정각, 낙선재, 연경당 등이 있음

■ 창경궁

(1) 1483년(성종 14년) 창건, 1616년(광해군 8년) 일부재건

(2) 현존하는 궁궐중 시대적으로 가장 오래된 궁궐

(3) 정전인 명정전을 비롯한 주요건물들이 일반적 궁궐과 달리 남향이 아닌 동향을 한 독특한 배치의 궁궐

(4) 주요건물

(홍화문)

(명정전)

(통명전)

(양화당)

- 명정전, 1616년 : 현존하는 궁궐의 정전 중 가장 오래된 건물로 단층 팔작지붕의 다포양식 건축물
- 통명전 : 내전 건물로서 지붕의 용마루가 없는 특이한 이익공 양식의 건물
- 홍화문, 1616년 : 창경궁의 정문으로서 중층 우진각 지붕의 다포양식 건축물

- 기타 건물 : 문정전, 숭문당, 함인정, 경춘정, 환경전, 영춘헌, 집복헌 등이 있음.

■ 덕수궁

(1) 1908년 중건, 원래는 행궁이었다가 임진왜란 이후 정궁으로 사용

(2) 조선말기에 많은 양식 건축물이 세워져 본래의 상태를 추정하기가 곤란

(3) 주요건물

(명정전)

(통명전)

(홍화문)

(덕수궁)

- 중화전, 1908년 : 다포양식으로 창건 당시 중층이었다 재건시 단층으로 규모 축소됨
- 석어당, 1908년 : 궁궐의 건물 중 정전 이외의 건물로는 드물게 2층 건물 형식을 취함
- 기타 건물 : 즉조당, 준명당, 덕홍전, 함녕전, 석조전 등이 있음

■ 경희궁

(1) 원래는 경덕궁이라 하였으며 일제 때 대부분의 전각들이 옮겨 건설되거나 헐림

(2)주요건물

- 홍화문, 서울, 1616년 : 경희궁의 정문
- 숭정전, 서울, 1616년 : 경희궁의 정전

(홍화문)

(숭정전)

(자정전)

(태령전)

6-4. 불사건축

■ 건축개요

(1) 고려시대의 가람배치 형식을 더욱 자유로운 형식으로 발전시킴

(2) 초기엔 평지가람도 조영되었으나 후기에는 숭유억불 정책, 풍수지리 사상의 영향으로 주로 산지가람을 조영

(3) 형식에 구애됨이 없이 필요한 건물을 지형에 따라 적당한 곳에 자유스럽게 배치

(4) 고려시대를 거쳐 조선시대에 이르러 한국 고유에 가람배치 형식이 완성됨.

■ 가람배치 실례

(1) 평지가람 실례

- 송광사, 전남 순천 : 삼보사찰 중 승보사찰, 대웅전, 국사전, 하사당 등의 건물로 구성
- 통도사, 경남 양산 : 삼보사찰 중 불보사찰, 대웅전 뒤쪽에 석가모니의 사리를 안치한 금강계단이 예불의 대상
- 기타 : 전북 김제 금산사, 충북 보은 법주사, 충남 부여 무량사 등

(송광사)

(통도사)

(금산사)

(법주사)

(2) 산지가람의 실례

- 해인사, 경남 합천 : 삼보사찰 중 법보사찰, 팔만대장경을 보관
- 기타 : 경남 하동 쌍계사, 충남 서산 개심사, 부산 범어사 등

(해인사)

(쌍계사)

(범어사)

(개심사)

■ 주요 사찰 건축물 실례

(1) 은해사 거조암 영산전, 경북 영천, 15세기경 : 건립시기가 고려말 또는 조선초로 추정되는 주심포양식의 건축물

(2) 무위사 극락보전, 전남 강진, 15세기 중기 : 조선시대 초기 주심포양식의 전형적인 건물

(3) 봉정사 대웅전, 경북 안동, 조선초 : 조선초의 다포양식 건물로 팔작지붕

(4) 통도사 대웅전, 경남 양산, 1644년 : 다포양식의 건물로 정자형의 독특한 지붕을 지님

(5) 중층건물

- 금산사 미륵전, 전북 김제, 17세기 경 : 다포양식의 3층 팔작지붕으로 현존하는 국내 유일의 3층 목조불전
- 쌍봉사 대웅전, 전남 화순, 1690년 : 원래는 목탑이었지만 후에 대웅전 건물로 전용되다가 현재는 화재로 소실됨
- 화엄사 각황전, 전남 구례, 1703년 : 다포양식, 팔작지붕의 2층 건물로서 현존하는 불전 중 가장 대규모

- 법주사 대웅보전, 충북 보은, 조선 중기 : 다포양식, 팔작지붕의 2층 건물
- 마곡사 대웅보전, 충남 공주, 조선 중기 : 다포양식, 팔작지붕의 2층 건물
- 무량사 극락전, 충남 부여, 조선 중기 : 다포양식, 팔작지붕의 2층 건물

(은해사 거조암 영산전)

(무위사 극락보전)

(봉성사 내웅진)

(통도사 대웅전)

(금산사 미륵전)

(화엄사 각황전)

(마곡사 대웅보전)

(무량사 극락전)

6-5. 유교건축

■ 건축개요

(1) 조선시대에 들어서 숭유억불 정책으로 유교건축이 절정기를 맞음

(2) 한국의 유교건축 중 가장 대표적인 건축형식으로는 향교 및 서원이 있음

(3) 향교 및 서원
- 유교의 교육과 제례의식의 거행을 주기능으로 하는 교육기관
- 향교는 국가에서 건립한 관학이며 서원은 유학자가 건립한 사학
- 조선시대 전국각지에 건립, 전반적인 건축형식은 상호유사
- 공포양식은 간단한 익공양식을 주로 사용

■ 향교건축물 실례

(1) 서울 문묘, 서울, 1398년(태조 7년)창건, 임진왜란 후 재건
- 전묘후학의 배치로서 조선시대 향교중 가장 대규모
- 대성전은 단층 팔작지붕, 다포양식의 건축물
- 명륜당은 맞배지붕, 익공양식 건축물

(2) 나주향교, 전남 나주, 17세기 경 : 전묘후학의 배치

(3) 영천향교, 경북 영천, 1590년 창건 : 전학후묘의 배치

(4) 경주향교, 경북 경주: 전학후묘의 배치

(5) 청도향교, 경북 청도 : 병렬배치

(서울문묘)

(나주향교)

(경주향교)

(청도향교)

■ 서원건축

(1) 소수서원, 경북 영주, 1542년 : 최조의 서원으로서 매우 자유스러운 배치를 취함

(2) 옥산서원, 경북 월성, 1532년(중종 27년)

- 회제 이언적이 설립한 사원
- 이언적의 별서인 독락당은 익공양식 건물로 주위의 자연환경을 잘 이용한 뛰어난 조원계획으로 유명

(3) 도산서원, 경북 안동, 1557년

- 퇴계 이황이 설립한 한국 최대규모의 서원
- 강당인 전교당은 단층 팔작지붕의 굴도리 집

(4) 도동서원, 경북 달성, 1604년

(5) 병산서원, 경북 안동, 1572년

(6) 필암서원, 전남 장성, 1590년

(병산서원)

(옥산서원)

(필암서원)

(도동서원)

■ 종묘 및 사직단

(1) 좌조우사의 법칙에 따라 궁궐인 경복궁을 중심으로 좌측에 종묘, 우측에 사직단을 각각 배치

(2) 종묘, 서울, 1608년 중건

(종묘 영령전)

(종묘 정전)

- 조선왕조의 역대 왕과 왕비의 신위를 모신 일종의 국가적 사당
- 정전은 익공양식으로 한국건축물중 단일건축물로는 길이가 가장 긴 건물
- 영령전은 익공양식으로 형태와 기능이 정전과 유사

(3) 사직단, 서울 : 토지의 신인 사와 오곡의 신인 직에게 제사를 지내는 곳

6-6. 주거건축

■ 개요

(1) 이전의 시대와는 달리 직접적인 유구를 통하여 고찰할 수 있음

(2) 건축법규에 의한 건축규제

- 주택의 사치와 대규모화로 인해 신분계급에 따라 대지와 가사의 규모를 통제
- 경국대전, 이조실록 등의 서적에 당시의 건축규제 내용이 기록되어 전래

(3) 풍수지리 사상의 영향

- 고려시대와 마찬가지로 음양오행설에 의한 풍수지리 사상이 영향
- 주택의 입지, 배치, 규모 등에 영향

(4) 유교사상의 영향

- 주택내에 사당을 설치
- 주택내에서 남녀 또는 신분계급의 위계성에 따라 공간을 엄격하게 구분

■ 건축물 실례

(1) 연경당, 창덕궁 비원, 1828년 : 창덕궁의 후원인 비원내에 사대부 주택을 모방해 지은

왕가의 살림집으로서 99간 규모, 당시 양반의 주거양식을 추측해 볼 수 있는 조선시대 주거건축의 대표적 실례, 안채, 사랑채, 행랑채, 별채 건물과 서재인 선향재와 별당인 농수정 등의 건물로 구성,

(2) 향단, 경북 월성 양동마을 : 향랑채, 안채, 사랑채가 연결되어 한 건물로 이루어져 2개의 중정을 지닌 용자형 평면을 취한 양반주택

(3) 오죽헌, 강원 강릉, 16세기 초 : 율곡 이이의 출생가의 별당 건물로 조선의 대표적인 익공양식 건축물

(4) 윤선도 고가, 전남 해남, 17세기 경 : 고산 윤선도의 고택으로 60칸 규모의 양반주택

(5) 하회의 충효당과 양진당, 경북 안동 하회마을 · 의성 김씨 종가, 경북 의성, 조선 중기

(6) 선교장, 강원 강릉, 19세기 초

(7) 임경당, 강원 강릉, 19세기 초

(8) 운조루, 전남 구례, 1776년

(9) 동춘당과 제월당, 충남 대덕, 17세기 말경

(경주 양동마을)

(양동마을 향단)

(오죽헌)

(하회마을 양진당)

(선교장)

(임경당)

(유조루)

(동춘당)

6-7. 기타건축

■ 탑파건축

(1) 고려시대의 석탑양식을 계승, 세부형식에만 부분적인 변화 보임

(2) 석탑 :

- 낙산사 7층 석탑, 강원 양양, 1468년
- 신륵사 다층 석탑, 경기 여주, 1472년

(3)목탑 :

- 쌍봉사 3층목탑, 전남 화순, 17세기 말, 대웅전 건물로 사용되다 현재 화재로 소실
- 법주사 팔상전, 충북 보은, 17세기 전반, 5층 목탑으로서 조선시대의 목탑으로는 유일하게 현존

(4)특수형식탑 :

- 원각사지 10층 석탑, 서울 파고다 공원 내, 1746년 : 탑파양식이 고려의 경천사지 10층 석탑과 유사하여 대리석으로 축조

(낙산사 7층석탑)

(신륵사 다층석탑)

(법주사 팔상전)

(원각사지 10층석탑)

■ 누각 및 정자건축

(1) 조선시대에는 자연경관이 뛰어난 명승지에 누와 정을 건축

(2) 평소에는 유람상춘의 장소로서 이용하며 전시에는 장수들의 지휘소로서 이용

(3) 건축실례

- 경남 진주 촉석루, 경남 밀양 영남루
- 충북 제천 한벽루, 전북 정읍 피향정
- 전남 여수 진남관, 제주 관덕정

(촉석루)

(한벽루)

(진남관)

(영남루)

7. 근대건축

7-1. 근대근축 유입과 전개

■ 서구식 근대건축의 유입경로

(1) 외국공관 계통의 건축

(2) 외국인 선교사를 통한 종교관련 건축물

(3) 외국인 상사건물 및 주택

(4) 일제시대 일본인에 의한 관청 및 공공건물

■ 한국 근대건축의 전개과정

(1) 구한말의 근대건축 (1910년 이전)

(2) 일제시대의 근대건축 (1910~45년)

(3) 해방이후의 근대건축 (1945년 이후)

7-2. 구한말 근대건축

■ 개요

(1) 1910년 이전의 시기로 한국 전통건축양식으로부터 근대건축으로의 과도기

(2) 강압에 의한 개국으로 일본과 서구의 외교시설, 상업시설 등이 다수 건설됨

(3) 1900년 전후 선교계통의 종교, 의료시설이 다수 건설됨

(4) 종교건축은 고딕양식을, 공관건물은 르네상스양식을 각각 모방

■ 주요 건축물 실례

(1) 종교건축물

- 약현성당, 서울 중림동, 1892년 : 3랑식 고딕양식의 성당
- 명동성당, 서울 명동, 1892~98년 : 한국 유일의 순수한 고딕양식 건축물, 한국 최초의 본격적인 벽돌교회당
- 정동교회, 서울 정동, 1895~98년 : 단순화된 고딕양식의 건축물
- 천주교 원효로 성당, 서울 원효로, 1907년 : 붉은 벽돌의 고딕양식 건축물로서 현 성심 여중고 예배당

(약현성당)

(명동성당)

(정동교회)

(원효로성당)

(2) 외국공관

- 영국 공사관, 서울, 1891년 : 벽돌조 2층의 죠오지안 양식 건축물
- 러시아 공사관, 서울, 1892년 : 벽돌조 2층의 제정 러시아 르네상스 양식 건축물
- 프랑스 공사관, 서울, 1896년 : 벽돌조 프랑스 바로크 양식 건축물

(3) 상업건축물

- 인천 일본제일은행 지점, 인천, 1897~99년 : 후기 르네상스 양식 건축물로서 현 조달청 인천 사무소
- 부산 세관, 부산, 1910년 : 벽돌조 2층의 영국풍 르네상스 건축물로서 현 부산 세관 건물

(4) 의료시설

- 세브린스 병원, 서울, 1904년 : 벽돌조, 2층의 영국 르네상스 건축물
- 대한의원 본관, 서울, 1907~08년

(5) 기타

- 독립문, 서울, 1896~97년 : 순수한 석조양식 건축물로서는 최초
- 서북학회 회관, 서울, 1908년 : 벽돌조 2층 건물
- 덕수궁 석조전, 서울, 1900~10년 : 고대 그리이스의 이오니아 주범양식의 석조건물

(러시아 공사관)

(인천 일본제일은행)

(대한의원)

(독립문)

7-3. 일제시대 근대건축

■ 개요

(1) 한일합방(1910년)이후로부터 해방(1945년)까지의 건축

(2) 한일합방 후 조선총독부 주관하에 관청, 학교, 은행 등을 건설

(3) 초기에는 르네상스 양식, 후기에는 절충주의 양식의 건물을 다수 건설

(4) 박동진, 박길룡 등의 한국 근대건축의 선구적 건축가들이 활동

■ 주요 건축 실례

(1) 한국인 건축가들에 의한 건축물

- 보성전문학교 본관 및 도서관, 서울, 1933~1937년
- 박동진 설계의 고딕양식 건물로서 현 고려대학교 본관, 화신백화점, 서울, 1937년
- 박길룡 설계의 근대 합리주의적 경향의 건축물 : 경성제대 본관, 서울 동숭동, 1931년
- 박길룡 설계의 건물로 현 문예진흥원 청사

(보성전문학교 본관)

(화신백화점)

(2) 공공건축물

- 경성역사, 서울, 1922~25년 : 건물의 중앙에 대형 돔을 가설한 르네상스 양식 건축물로서 현 서울역
- 조선 총독부 청사, 서울, 1916~26년 : 돔을 가설한 르네상스 양식 건축물
- 경성부청, 서울, 1925~26년 : 현 서울시청 철근콘크리트조의 절충주의 양식 건축물

(3) 상업건축물

- 조선은행, 서울, 1908~12년 : 현 한국은행 본점으로 르네상스 양식 건축물
- 제일은행 본점, 서울, 1935년 : 르네상스 양식의 건축물
- 삼월 백화점, 서울, 1930년 : 현 신세계 백화점

(4) 기타

- 서울 성공회 성당, 서울, 1922~26년 : 우리나라 유일의 로마네스크 양식 건축물
- 경성 부민관, 서울, 1935년 : 근대 합리주의 계열 절충주의 양식 현 서울시의회 청사

(경성역사)

(조선총독부)

(경성부청)

(조선은행)

(제일은행본점)

(성공회성당)

7-4. 해방이후 근대건축

(1) 해방이후 한국건축가들이 본격적으로 활동

(2) 1950년 이후 합리주의적 경향의 국제 양식 건축이 성행

(3) 김중업의 작품 :

- 명보극장, 서울, 1957
- 프랑스 대사관, 서울, 1960
- 서강대학교 본관, 서울, 1960
- 제주대학 본관, 제주, 1964
- 서산부인과, 서울, 1965
- 삼일빌딩, 서울, 1969

(4) 김수근의 작품 :

- 자유센터, 서울, 1964년
- 세운상가, 서울, 1967년
- 국립 부여 박물관, 부여, 1970년

(5) 기타 건축가와 작품

- 박동진, 영락교회,석조건물, 서울, 1950년
- 이천승, 국제극장, 서울, 1957년
- 이희태, 절두산 복자기념성당, 서울, 1967년

2장. 전통건축 구조양식

1. 구조양식
2. 가구양식
3. 공포
4. 기둥
5. 보
6. 지붕
7. 벽체
8. 기단
9. 초석

1. 구조양식

1-1. 가구양식

우리 고건축의 가구방식은 포(包)집, 익공(翼工)집, 민도리집 및 다각(多角)집 등으로 분류할 수 있다.

■ 포(包)집

기둥머리에 창방, 또는 평방을 짜서 돌리고 주두를 놓고 주두위에서 공포를 짜고 옥개를 받치는 가구방식을 말한다. 포집은 주심포계, 다포계로 나뉜다. 주심포계는 기둥머리를 창방으로 연결하고, 주두를 놓고 주심에만 공포를 짜 올리는 방식이다. 기둥머리에 주두를 놓고 공포를 짜올려 대량과 외목도리를 받는다. 대량은 주심도리를 받고 동자주를 세워 종량을 받는다. 종량은 중도리를 받고 대공을 세워 종심도리를 받는다. 종심도리와 중도리에 단연을 걸고, 중도리와 외목도리에 장연을 건다. 다포계는 기둥머리에 창방과 평방을 짜 돌리고 주심과 주간에 공포를 짜 올리는 방식이다. 평주 기둥머리에 공포를 짜 올려 충량과 외목도리를 받는다. 충량은 고주 몸에 장부로 넣고 양봉(梁奉)으로 받친다. 고주는 기둥머리를 뜬 창방으로 연결하고 주두를 놓고 양봉으로 받쳐 대량을 받는다. 대량은 중도리를 받고 동자주를 세워 종량을 받는다. 종량은 대공을 세워 종심도리를 받는다. 종심도리와 종도리에 단연을 걸고, 중도리와 외목도리에 장연을 건다.

■ 익공(翼工)집

익공집이라 함은 공포를 짜지 않고 기둥머리에서 익공을 내밀어 보머리를 받도록 하는 방식을 말한다. 익공은 기둥머리에 주두를 놓고 바깥쪽으로 뻗어 나온 부재로서 두 개를 겹쳐서 내미는데 아랫것을 초익공(初翼工)이라하고 위의 것을 이익공(二翼工)이라 한다. 아주 간단한 건물에는 초익공 한 개만 기둥머리에서 내미는데 이것을 초익공집이라고 부른다. 기둥머리에 창방을 짜 돌리고 주두를 놓고 익공을 내미는데 외부익공은 보머리를 받치고 내부익공은 양봉이 되어 대량을 받친다. 대량은 주심도리를 받고 동자주를 세워 종량을 받는다. 종량은 대공을 세워 종심도리를 받는다. 종심도리와 중도리에 단연을 걸고 중도리와 주심도리에 장연을 건다.

■ 민도리집과 소로수장집

포나 익공이 없는 집을 말한다. 한옥을 구분할 때 민도리집, 납도리집, 굴도리집, 소로수장집 등의 명칭이 흔히 쓰인다. 민도리집이란 기둥상부에 바로 보를 올려 놓는 집으로 구조적으로 제일 간단한 집이다. 이 경우 납도리를 쓰면 〈납도리집〉이라고 하고 굴도리를 쓰면 〈굴도리집〉이 된다. 도리 아래로는 보강재로 네모난 단면의 장혀를 사용한 집도 있다. 사찰의 요사채나 사당의 제실 및 주택 등에 쓰이는 방식이다. 한편 기둥상부에 횡으로 창방을 걸고 이와 장혀사이에 〈소로〉라는 부재를 일정 간격으로 끼워 넣은 집도 있는데 이런 집을 〈소로수장집〉이라고 부른다. 소로수장집은 민도리집보다 장식적이고 우월하게 보인다.

도리의 수량에 따라 세마루집, 오량집, 칠량집으로 분류한다. 특히, 도리밑 가첨장혀와 인방 사이에 소로를 연속해서 끼우는 집을 벽부소로집이라 한다. 가구방식은 기둥과 보를 사개맞춤으로 맞추고 보머리를 밖으로 빼고 도리를 걸고 종량위에 대공을 세워 종도리를 받는다. 종도리와 중도리에 단연을 걸고 중도리와 주심도리에 장연을 건다.

■ 다각집

사모정의 가구방식은 기둥머리를 창방으로 연결하고 주두를 놓고 안초공으로 장혀와 굴도리를 받치고 연목을 건다. 네 귀의 귀마룻대가 모이는 정점에는 절병통 받침목을 설치하여 절병통을 끼우도록 한다. 육모정의 가구방식은 기둥머리를 창방으로 연결하고 주두를 놓고 외부는 안초공으로 내부는 양봉으로 하여 대량을 받고 굴도리를 걸고, 중도리와 굴도리에 연목을 건다. 정점에는 절병통 받침목을 설치하고 절병통을 끼운다.

팔모정의 가구방식은 기둥머리를 창방으로 연결하고 주두를 놓고 외부는 2익공으로 보머리를 받고, 내부는 양봉이 되어 대량을 받는다. 대량위에 동자주를 세워 중도리를 가구한다. 중도리와 주심도리 및 외목도리에 연목을 건다. 정점에는 절병통 받침목을 설치하여 절병통을 받치도록 한다

■ 중층 구조

중층 목조건축은 두 개 이상의 층이 수직으로 연결되는 건축적 특성에 따라 구조적 측면에서 고도의 기술적인 고려가 요구된다. 중층의 구조방식에는 각층구조방식과 연속구조방식이 있다.

(1) 각층구조방식

평좌가 상하층 연결구조로 사용된다. 평좌는 중층건물에서 층을 수직으로 중첩하기 위하여 인

위적인 기단으로 구조상 하나의 완전한 층을 형성한다. 이것은 하층 옥개 내부에서 결구되어 입면상으로는 나타나지 않고 또한 상층바닥과 하층의 천정사이에 위치하므로 암층(暗層)이라 불린다. 평좌는 하층 주상부의 공포나 보 위에 비교적 짧은 기둥을 세우고 보, 도리, 인방재, 공포 등으로써 결구하며 그 위에 상층의 기둥을 세우게 된다. 중층건물에서 평좌를 사용하는 경우 평좌층과 그 상하층은 단주를 사용하는 독립적인 단층가구가 적층되는 형식을 취하므로 각층의 기둥을 연결시키는 방식이 요구된다. 영조법식에는 차주조(叉柱造),영정주조(永定柱造), 전주조(纏柱造)를 기록하고 있다.

① **차주조** : 하층 기둥의 두공위에 상층 기둥을 세우는 방식. 따라서 하층의 두공 위에 평좌층 기둥을 세우고 평좌기둥의 주두 위에 다시 상층의 기둥이 세워진다.

② **영정주조** : 이 방식은 차주조와는 달리 평좌기둥이 하층의 기둥위에 놓이지 않고 직접하층 지반 위에 세워진다. 따라서 평좌기둥은 하층과 평좌층을 관통하는 통주가 되는 데, 이것을 영정주라고 한다. 영정주와 하층의 첨주는 거의 붙여서 세워지면서 하층의 변주가 되며 일반적으로 영정주는 벽속에 감추어지기 때문에 외견상 첨주 하나만 보인다.

③ **전주조** : 상층의 기둥이 하층 두공의 후미에 있는 보 위에 놓이는 구조로 현존하는 유례는 없다.

(2) 연속구조방식

고주와 단주를 사용하여 상하층 전체를 하나의 가구로 결구하는 방법이다. 일반적으로 내진에는 상층까지 관통하는 고주를 사용하고 있는데 이들 수법에도 약간의 변화가 있다.

① 하층의 내진주와 처마기둥은 퇴보로 연결되고 하층의 내진주가 상층에서는 외부로 노출되어 상층 변주가 되는 경우로 이 때 하층은 상하층을 관통하는 건물의 몸체에 덧붙는 형식을 취하게 된다.(예: 무량사 극락전, 전주 풍남문)

(무량사(부여) 극락전)

(전주 풍납문)

② 하층의 내진주와 변주를 연결한 퇴보상에 상층의 변주가 올려지는 경우로 이러한 구조에서 하층의 퇴보는 상층의 체감 정도에 따라 한 층 혹은 두 층 이상의 변주를 지지하게 된다. (예 : 화엄사 각황전, 법주사 대웅보전)

(화엄사(구례) 각황전)

(법주사(보은) 대웅보전)

③ 보칸 중앙에 고주를 세우고 고주에 퇴보를 맞보처럼 끼우고 그 위에 2층 변주를 세우는 방법이다.(예 : 서울 숭례문과 홍인지문)

(숭례문)

1-2. 가구구성

■ 가구구성

목조건물의 뼈대를 이루는 가구는 여러 부재들의 조립으로 이루어진다.

(1) 축부재 : 기둥, 창방, 보, 도리, 장여, 마루, 인방, 벽선

(2) 선부재 : 선자서까래, 연함, 추녀, 사래

(3) 평부재 : 평서까래, 평고대, 부연, 박공

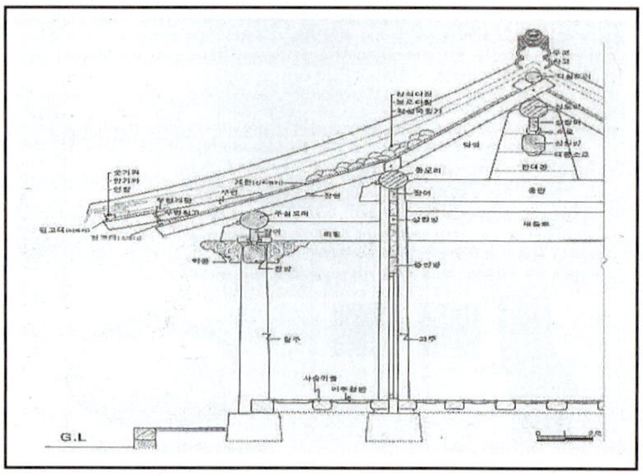

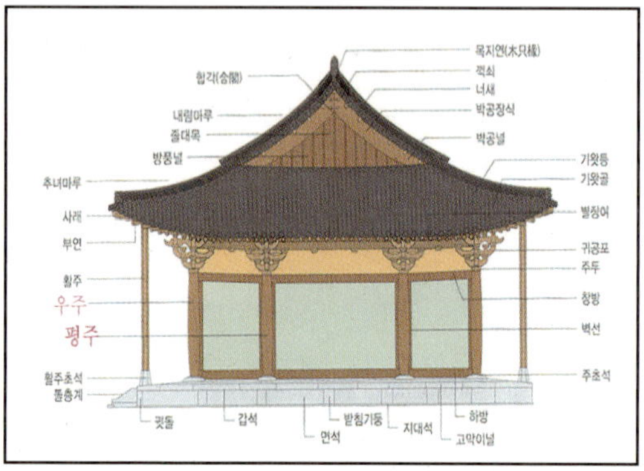

■ 각부명칭

(1) 기둥

건물을 형성하는 첫 번째 요소로 지붕상부의 하중을 초석과 기단으로 전달하며 위치에 따라서는 기단으로 전달하며 위치에 따라서는 건물 벽체의 외진주와 내부의 내진주, 심주로 분류하며 단면에 따라 원주.(원통형, 민흘림, 배흘림)와 각주(방주, 6각주, 8각주)로 분류된다.

(2) 창방(唱榜)

기둥사이를 연결하여 이층을 막고 벽체가구를 꾸미는 부재이다. 다포계와 익공계 건물에서는 말각(抹角)방형이 쓰이며 주심포계에서는 직사각형이 쓰였다.

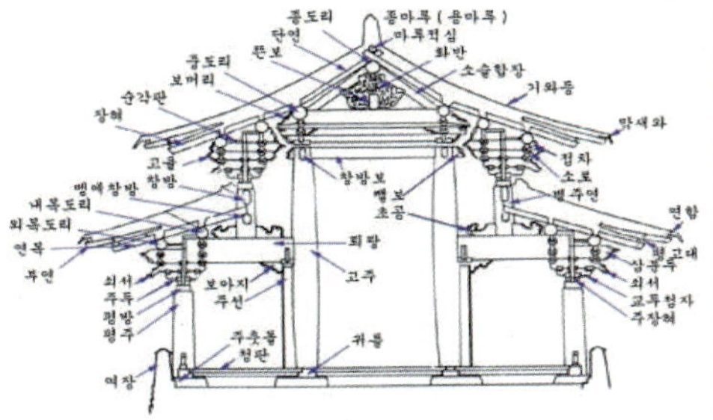

건축의 구조(構造)

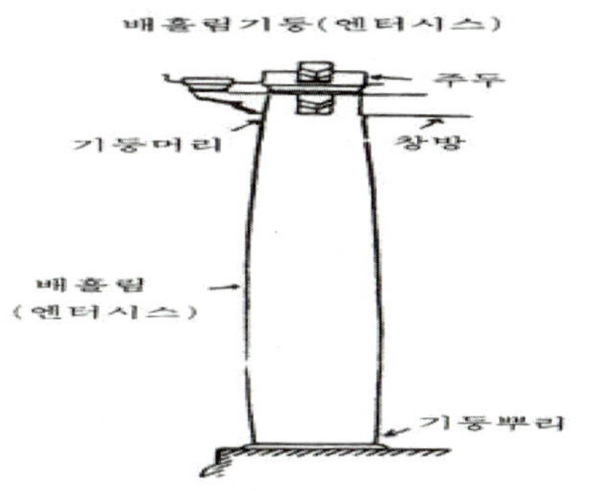

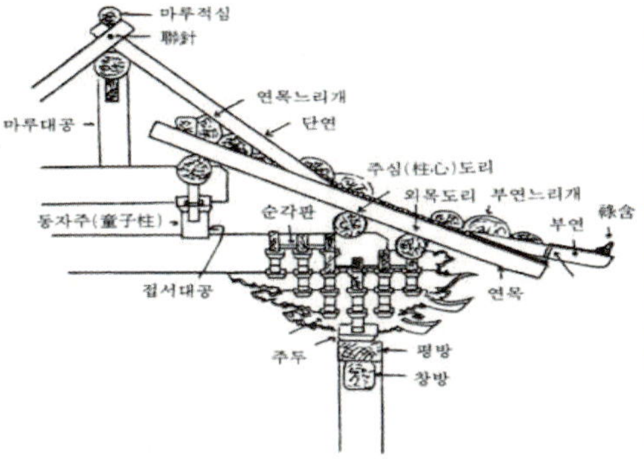

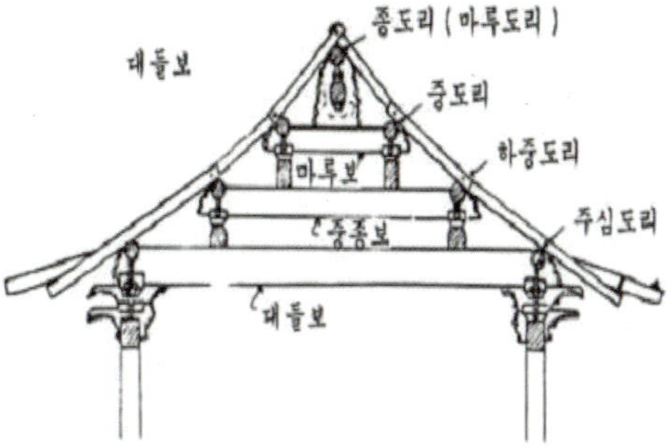

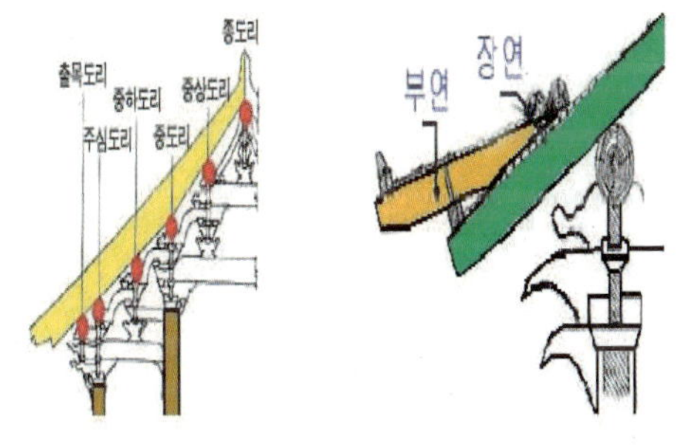

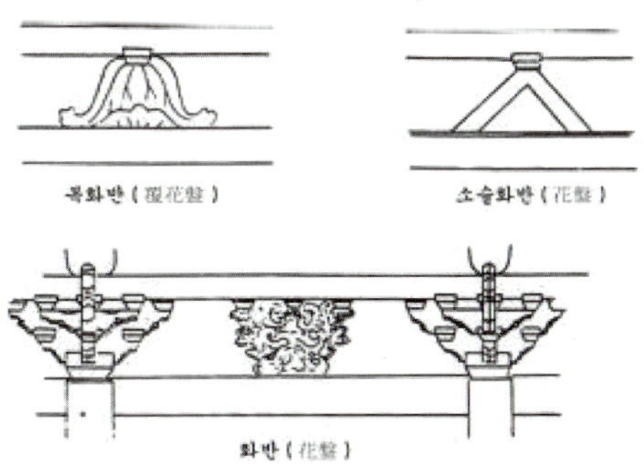

(3) 평방(平枋)

다포계 건물에서 기둥과 공포사이에 있는 부재이다.

(4) 보

기둥사이에 걸쳐 지붕가구를 이루는데 기본이 되는 수평구조재 이다.

① 대들보 : 전후면의 평주 사이에 걸쳐지는 보.

② 종보 : 보중에서 가장 위에 놓인 종대공을 받고 그 양끝을 중도리와 결구해서 서까래 하중을 받는다.

③ 중종보 : 대들보와 종 보 사이에 설치되는 보.

④ 퇴보 : 내부에 고주가 있을 때와 툇간이 설치될 경우 사용되며 대들보 보다 한단 낮게 걸린다.

⑤ 행

⑥ 우미보 : 대를 보위에 놓여 도리 간을 연결시킴으로서 가구를 보강하는 부재로 고려 말기~조선 초기 건물의 맞배지붕에 많다.

⑦ 귀보 : 대규모의 팔각지붕과 우진각지붕 또는 중층건물에서 내부에 고주가 있을 때 귀부분의 결구를 튼튼히 하기 위한 보.

(5) 도리

가구 최상단에 위치하여 서까래를 받치는 수평부재로 보와는 직각방향으로 놓인다. 도리는 놓이는 위치에 따라 외목도리, 주심도리, 내목도리, 하중도리, 중도리, 상중도리, 완도리 등으로 나눈다.

외목, 주심, 내목도리는 공포와 결구되고, 중도리와 상하중도리는 주심도리와 종도리의 중간에 위치하며, 종도리는 가구의 맨 위에 놓여 용마루를 받치는데 이 부분에 상량문이 기록되기도 한다.

(6) 대공

보위에 놓이거나 보와 결구되어 도리를 받치는 수직구조대. 위치에 따라 중대공, 종대공으로 나뉘며 형태는 파연대공, 화반대공, 포대공, 반 대공, 8각대공 등이 있으며 화반대공과 포대공은 주심포계에 다포 계에서는 포대공과 파연대공이 많이 쓰인다.

(7) 장혀

도리의 밑에 위치하여 가구를 보강하는 수평재이다. 모양과 위치에 따라 통장혀, 단 장혀, 뜬 장혀로 나눈다.

① 통 장혀 : 다포계와 후대의 주심포계에서 일반적으로 사용된다.

② 단 장혀 : 주심포계에서만 보인다.

③ 뜬 장혀 : 도리 아래에 직접 놓이지 않고 떠 있는 상태로 부재간을 연결시키는 구조재이다.

(8) 주두

기둥머리에 있는 큰 소로(공포를 받힌 사각재)

(9) 소로

공포부재에 있어서 상부 부재를 받아 하부부재에 전달하는 장식적으로 만든 네모진 짧은 나무쪽

(10) 첨차

도리에 평행하고 보에 직각으로 놓이는 공포부재

(11) 포살미

도리에 직각으로 짜이는 공포부재의 통칭, 촛가지(쇠서)가 중첩된 것 또는 그 총칭

(12) 쇠서

소의 혀 모양으로 뻗어 내민 촛가지, 인설과 양설이 있다.

(13) 서까래

처마도리와 중도리 및 마루대위에 지붕 매의 방향으로 걸쳐대고 산자나 지붕널을 받는 경사부재

(14) 보아지

기둥머리에 끼어 보의 짜임새를 보강하는 짧은 부재

2. 가구양식

기둥 위나 공포 위에 얹혀 내부 공간을 형성하는 여러 부재를 총칭하여 가구라고 하는데, 가구재는 건물의 뼈대, 즉 골조를 지칭하며 보와 도리, 대공이 기본 부재이다. 이들 조합 형태에 따라 가구법의 종류는 3량가, 5량가, 7량가, 9량가 등으로 구분되며 이것은 지붕의 형태와 크기를 결정짓는 중요한 요소가 된다. 또한 건물의 전면 또는 후면에 퇴칸이 덧붙어 있는 반 5량가, 반 7량가, 반 9량가 등으로 부른다. 가구를 구성하기 위한 최소단위는 3량가이며 가옥에서는 일반적으로 5량가가 가장 많이 쓰이고, 7량가 이상은 규모가 큰 사찰 법당이나 궁궐 건물에서 주로 사용된다.

또한 고주의 유무에 따라 명칭을 구별하기도 하는데, 일반적으로 층수와 고주의 수는 건물의 규모와 직접적으로 연관이 있다. 건물의 규모가 커지거나 중층이 되면 보의 길이는 상대적으로 길어지게 되므로, 구조를 더 안정하게 하기 위해 고주를 도입하는 것이 필수적이다. 고주가 하나 있으면 1고주, 고주가 중심에 위치하면 심주, 2개면 2고주 등으로 부른다.

이와 같은 가구형식은 시대에 따라 계속 변화한다. 고려시대의 큰 건물인 부석사 무량수전, 수덕사 대웅전 등은 내부에 2열의 고주를 두고 9량가로 꾸몄으며, 봉정사 극락전, 강릉 객사문 등과 같이 작은 건물은 내부 공간의 크기가 작고 보의 경간이 짧아 고주를 하나만 두거나 생략하였고 5량가~7량가를 사용하였다.

조선시대에 이르러서는 대부분의 건물이 5량가의 가구를 사용하는 것이 보편적이었으며, 큰 사찰이나 궁궐과 같은 곳에만 7량가의 가구를 써서 가구를 간략화 하였다.

2-1. 3량집(세마루)

3량집(三樑架)은 목조가구식 체계중 가장 작은 규모의 간단한 형식이다. 앞뒤 기둥에 주심도리를 얹고 보를 건너지른 다음에 보 중앙에 대공을 세워 종도리를 올리고 양쪽으로 서까래를 얹은 집이다.(청평사 회전문, 농촌민가 등)

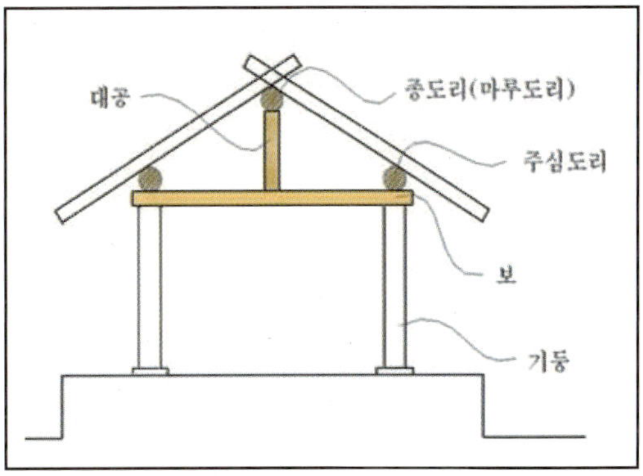

3량가는 가구구조중 제일 간결한 가구기법으로 규모가 작은 건물, 즉 행랑채와 문간채, 퇴가 없는 민가 등에서 보편적으로 보이는 가구구조이다.

이 구조는 도리가 3개 걸리는데 대들보 중간에 놓이는 대공 위의 높은 곳 하나와 앞뒤 기둥 위에 낮은 곳 2곳이다. 높은 곳 도리를 중심으로 양쪽으로 서까래를 걸어 지붕 물매를 결정한다.

■ 건축물 실례

(1) 불교건축

(청평사(춘천) 회전문)

(관룡사(창녕) 산신각)

(개목사(안동) 누문)

(김룡사(문경) 고방)

(건봉사(고성) 독성각)

(마곡사(공주) 고방)

(백양사(장성) 수각)

(내소사(부안) 삼성각)

(파계사(대구) 산령각)

(개목사(안동) 산신각)

(2) 유교건축

(소수서원(영주) 학구재)

(소수서원(영주) 장서각)

(옥산서원(경주) 사당)

(분강서원(안동) 동재)

(자계서원(청도) 운계정사)

(순흥향교(영주) 동서무)

(연일향교(포항) 명륜당)

(공주향교(공주) 서재)

(교하향교(강화) 동서무)

(성주향교(성주) 동서무)

(3) 주거건축

(만죽재 고택(영주) 안채)

(양동마을(경주) 관가정 사랑채)

(정여창고택(함양) 문간채)

(양동마을(경주) 낙선당)

(정온고가(거창) 아래채)

(창덕궁(서울) 낙선재 사랑채)

(해저만회고택(봉화) 사랑채)

(남천고택(군위) 사랑채)

(향단(경주 양동마을) 행랑채)

(운조루(구례) 사랑채)

2-2. 4량집

4량집(四樑架)은 실제로는 기본적인 가구체계의 한 유형이라기 보다는 변형된 형식으로 나타난 일종의 변종이라고 할 수 있다. 4량집은 일반 한옥에서 흔히 사용되는 형식이다. 주심도리와 종도리 마루를 설치하기 위해서 도리가 하나 추가되었다.(소규모 건축물, 민가 등)

4량가는 3량가 형식에 건물 앞쪽으로 약간 높이가 낮은 기둥이 하나 더 세워지고 그 위로 도리가 걸리는 형식이다. 대개 민가 등에서 많이 보이는데 앞쪽의 기둥을 퇴기둥이라 하고 안쪽의 벽체 사이에는 마루(툇마루)가 놓여진다. 4량집에는 고주4량과 평4량으로 구분할 수 있다. 고주4량은 3량가에 툇간을 덧달아 낸 것으로 3량가의 변형으로 〈반3량〉이라 부르기도 한다. 그 구성은 3량집의 구성에 전면이나 후면으로 툇기둥 하나를 두고 이 툇기둥 사이에 퇴량(툇보)을 연결한다. 일반 서민주택에서 많이 사용된 가구법이다. 평사량은 전후의 평주상부에 전후 두개의 대공을 두어 도리를 받도록 한 구조로 종도리를 사용하지 않은 특수한 형식의 가구이다

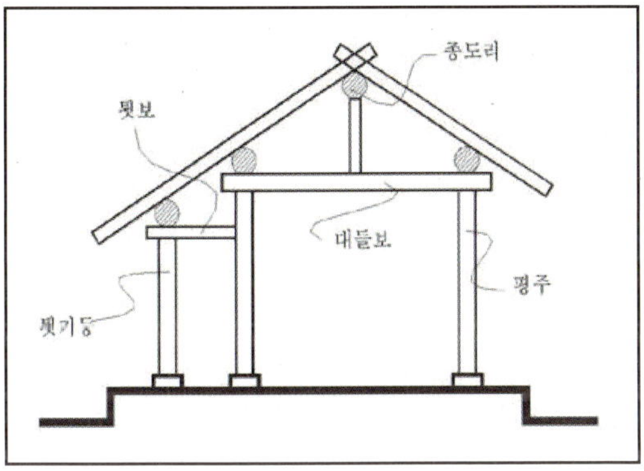

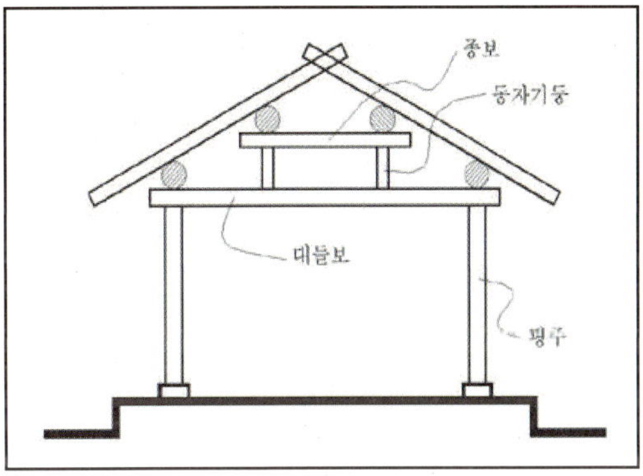

■ 건축물 실례

(1) 불교건축

(청곡사(진주) 영전)

(낙산사(속초) 응향각)

(지보사(군위) 종무소)

(2) 유교건축

(옥천서원(예천) 사당)

(무성서원(정읍) 동서재)

(광주향교(경기 광주) 동서재)

(남양향교(화성) 동서재)

(지평향교(양평) 동서재)

(공주향교(공주) 동무)

(광주향교(전라 광주) 동재)

(선산향교(선산) 청아루 날개채)

(봉화향교(봉화) 동재)

(상주향교(상주) 동재)

(3) 기타건축

(녹우당(해남) 사랑채)

(이하복 가옥(서천) 안채)

(외암마을(아산) 참판댁 사랑채)

(양동마을(경주) 관가정 사랑채)

(몽심재(남원) 사랑채)

(정동호가옥(예산) 안채)

(나주목사(나주) 내아 양날개채)

(강원감영(원주) 날개채)

(강파헌(영덕) 정침)

(울산동헌(울산) 내아날개채)

2-3. 5량집

5량집(五梁架)은 일반 한옥에서 가장 많이 사용되는 형식이다. 주심도리와 종도리 사이에 중도리가 하나 더 걸리는 구조 이다.(서울 남대문, 강릉 객사문 등)

대들보 위에 종보가 있고 종보 중간에 대공을 놓고 대공 위에 종도리, 종보 양쪽에 중도리, 대들보 양쪽에 주심도리를 올린 구조로 종도리와 중도리에 단연이 걸리고 중도리와 주심도리에 장연이 걸리는 구조이다. 같은 5량집이라도 기둥의 배열에 따라서 3종류 정도로 세분되며 내부에 기둥 없이 앞뒤 평주에 대들보를 걸어 구성한 5량집을 그냥 5량집 또는 2평주 5량집이라고 한다.

① 2평주 5량가(무고주 5량)

2평주 5량가는 한옥뿐만 아니라 사찰의 불전이나 향교의 대성전, 서원의 강당 등 전통건축에서 보편적으로 제일 많이 쓰이는 형식이다. 같은 높이의 앞뒤 기둥위에 대들보(큰보)를 걸고 보 양쪽에 동자주를 세워 다시 종보(작은보)를 걸고 그 중앙에 대공을 세워 종도리를 거는 형식이다. 이 형식은 넓은 공간이 필요로 하는 한옥의 대청 등에서 많이 사용된다.

② 1고주 5량가

대부분 한옥은 전면에 퇴칸이 마련되기 때문에 내부에 고주를 세우기 마련이다. 같은 5량집이라도 고주가 있으면 1고주 5량집이라고 한다.

이 형식은 전면으로 퇴간(툇마루)을 두는 남부지방의 한옥에서 주로 많이 사용되는 형식이다. 즉 전면 기둥(퇴주)과 반칸정도(3~4자 정도) 사이를 두고 안쪽으로 높은 기둥(고주) 하나를 세우고 이 기둥의 상단부 쯤과 후면기둥사이에 대들보를 걸고 다시 고주 위에서 대들보에 놓인 대공위로 종보를 하나 더 거는 형식이다. 연기 향교 대성전, 명륜당 등이 있다.

③ 2고주 5량가

이 형식은 전 · 후쪽의 평주(퇴주) 안쪽으로 반칸 정도 거리를 두고 이보다 다소 높은 기둥을 2개 세우고 이 기둥위로 대들보 하나만 거는 구조이다. 규모는 작으나 전후로 퇴간을 두는 민가에서도 이러한 형식은 볼 수 있다.

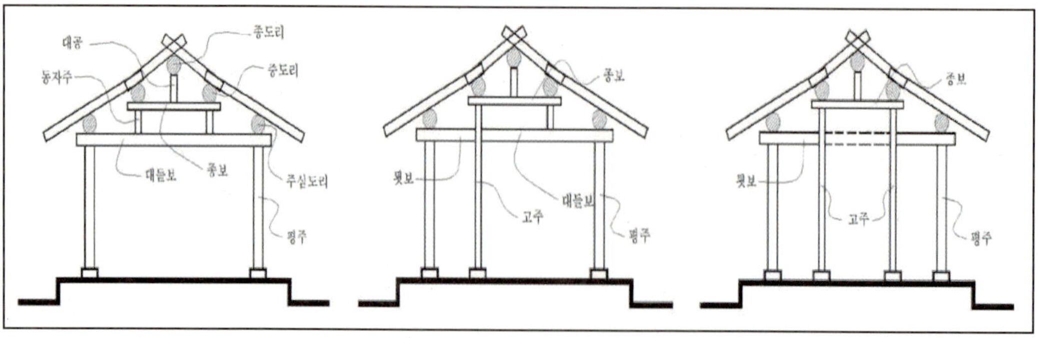

■ 무고주 5량가 건축물 실례

(1) 불교건축

(선암사(순천) 대웅전)

(송광사(순천) 승보전)

(화엄사(구례) 명부전)

(화엄사(구례) 범종루)

(화엄사(구례) 금강문)

(개목사(안동) 원통전)

(부석사(영주) 응향각)

(부석사(영주) 범종루)

(도리사(선산) 적멸보궁)

(수정사(의성) 태조선원)

(2) 유교건축

(소수서원(영주) 강당)

소수서원(영주) 동서재

(동락서원(구미) 강당)

(병산서원(안동) 강당)

(옥천서원(예천) 동재)

(보령향교(보령) 대성전)

(함양향교(함양) 대성전)

(지례향교(김천) 명륜당)

(전주향교(전주) 동서무)

(순흥향교(영주) 영귀루)

(3) 주거건축

(양동마을(경주) 수졸당)

(양동마을(경주) 무첨당)

오죽헌(강릉)

(하회마을(안동) 충효당 사랑채)

(남산한옥마을(서울) 김춘영가옥 안채)

독락당(경주)

(몽심재(남원) 사랑채)

(허삼둘가옥(함양) 안채)

쌍청당(대전)

(괴헌고택(영주) 안채)

(4) 기타건축

영모정(나주)

백운정(안동)

환벽당(담양)

식영정(담양)

독수정(담양)

공북루(공주)

(김제동헌(김제) 내아)

(낙안동헌(순천) 내아)

전주동헌(전주)

해미객사(서산)

■ 1고주 5량가 건축물 실례

(1) 불교건축

(부석사(영주) 조사당)

(보경사(포항) 팔상전)

(관룡사(창녕) 약사전)

(화암사(완주) 우화루)

(미황사(해남) 대웅전)

(수타사(홍천) 대적광전)

(통도사(양산) 만세루)

(마곡사(공주) 영산전)

(용문사(예천) 대장전)

(관룡사(창녕) 원음각)

(2) 유교건축

(임고서원(영천) 동재)

(용연서원(포천) 강당)

(문헌서원(서천) 사당)

(묵계서원(안동) 동재)

(병산서원(안동) 동재)

(부여향교(부여) 대성전)

(전주향교(전주) 명륜당)

(영주향교(영주) 동서무)

(장성향교(장성) 동서재)

(음성향교(음성) 동서재)

(3) 주거건축

(윤두서고택(해남) 안채)

동춘당(대전)

(윤탁가옥(해남) 안채)

(추사고택(아산) 사랑채)

맹씨행단(아산)

(여경구가옥(남양주) 사랑채)

(정용래가옥(화성) 안채)

(정용채가옥(화성) 안채)

(남산한옥마을(서울) 이승업가옥 안채)

(남산한옥마을(서울) 윤택영 재실)

(4) 기타건축

객사문(강릉)

(창경궁(서울) 홍화문)

(창경궁(서울) 명정문)

(운현궁(서울) 노안당)

(부여객사(부여) 정청)

(전주객사(전주) 좌우익사)

홍산동헌(홍성)

부여동헌(부여)

(무장객사(고창) 정청)

(다산초당(강진) 동암)

■ 2고주 5량가 건축물 실례

(1) 불교건축

(거조암(영천) 영산전)

(월정사(평창) 수광전)

(증심사(광주) 오백전)

(송광사(순천) 하사당)

(장곡사(청양) 설선당)

(희방사(영주) 요사채)

(화엄사(구례) 천왕문)

(법주사(보은) 명부전)

(청룡사(안성) 대웅전)

(마곡사(공주) 영산전)

(2) 유교건축

(고산서원(장성) 사당)

(회연서원(성주) 강당)

(병산서원(안동) 강당)

(금오서원(구미) 강당)

(광주향교(광주) 대성전)

(대구향교(대구) 명륜당)

(대구향교(대구) 양사재)

(창평향교(담양) 명륜당)

(나주향교(나주) 동서재)

(고부향교(정읍) 동서재)

(3) 기타건축

(윤두서가옥(해남) 날개채)

(홍기헌가옥(나주) 안채)

(홍기응가옥(나주) 안채)

경포대(강릉)

송강정(담양)

다산초당(강진)

(경복궁(서울) 수정전)

울산동헌(울산)

동경관(경주)

순창객사(순창)

2-4. 7량집

7량집(七樑架) 이상은 일반 살림집에는 거의 없고 사찰이나 궁궐 등의 큰 건물에서 주로 이용되었다. 7량 정도면 규모가 꽤 크기 때문에 앞뒤 평주를 하나의 대들보로 연결하는 2평주 7량집의 구조는 거의 존재하지 않는다. 7량집에서는 앞뒤로 퇴칸이 있는 2고주 7량집이 대부분이다. 나주향교 대성전, 수원화성 화령전 등이 2고주 7량가에 속한다. 다음으로 많은 것은 1고주 7량집이다. 봉정사 극락전의 어칸 가구와 지림사 대적광전, 금산사 대적광전이 여기에 속한다. 그리고 봉정사 극락전 측면가구처럼 정 가운데 심주가 서고 양쪽으로 고주와 평주가 서는 심고주 7량집이 있는데 흔하지는 않다.

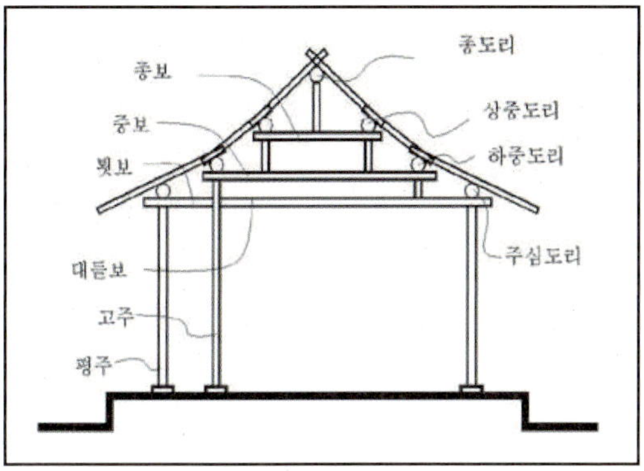

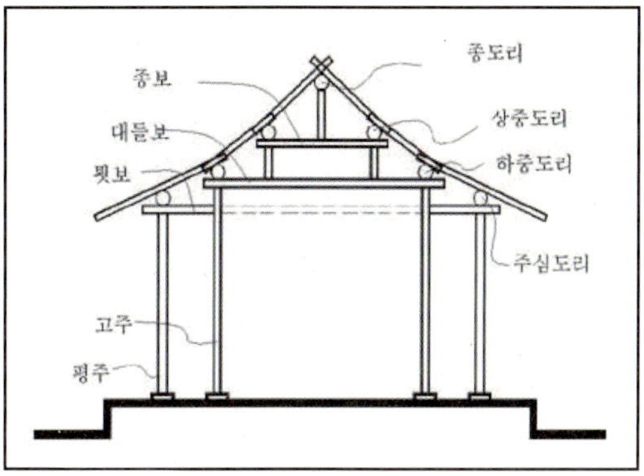

■ 무고주 7량가 건축물 실례

(1) 불교건축

(표충사(밀양) 종무소)

(불갑사(영광) 금강문)

(다솔사(사천) 대양루)

(운문사(청도) 만세루)

(표충사(밀양) 우화루)

(월정사(평창) 천왕문)

(낙산사(속초) 천왕문)

(도피안사(철원) 천왕문)

(2) 유교건축

광주향교(경기 광주) 대성전

(의령향교(의령) 대성전)

(충주향교(충주) 대성전)

(광주향교(광주) 명륜당)

(정의향교(제주) 대성전)

(장흥향교(장흥) 대성전)

(사천향교(사천) 대성전)

(거제향교(거제) 동서재)

(호계서원(안동) 강당)

(3) 기타건축

낙안동헌(순천)

(종친부(서울) 경근당)

■ 1고주 7량가 건축물 실례

(1) 불교건축

(봉정사(안동) 극락전)

(무위사(강진) 극락전)

(통도사(양산) 대광명전)

(위봉사(완주) 보광명전)

(금산사(김제) 대적광전)

(부석사(영주) 삼보당)

(선운사(고창) 만세루)

(청평사(춘천) 관음전)

(청평사(춘천) 나한전)

(망월사(광주) 대웅보전)

(2) 유교건축

(문묘(서울) 대성전)

(죽산향교(안성) 대성전)

(안성향교(안성) 대성전)

(양성향교(안성) 대성전)

(정읍향교(정읍) 대성전)

(순흥향교(영주) 대성전)

(양성향교(안성) 대성전)

(상주향교(상주) 대성전)

(여주향교(여주) 명륜당)

(제주향교(제주) 명륜당)

(3) 기타건축

(창경궁(서울) 환경전)

(경희궁(서울) 승전전)

(창경궁(서울) 양화당)

(창덕궁(서울) 인정전)

(덕수궁(서울) 중화전

(덕수궁(서울) 덕홍전)

(경희궁(서울) 숭전전)

■ 2고주 7량가 건축물 실례

(1) 불교건축

(불국사(경주) 대웅전)

(선덕사(제주) 대적광전)

(갑사(공주) 강당)

(다솔사(사천) 대양루)

(백양사(장성) 극락보전)

(통도사 극락암(양산) 요사채)

(흥국사(남양주) 반산암)

(부석사(영주) 천왕문)

(낙산사(속초) 구취록)

(도피안사(철원) 대적광전)

(2) 유교건축

(수원향교(수원) 대성전)

(강진향교(강진) 대성전)

(장수향교(장수) 대성전)

(안동향교(안동) 대성전)

(봉화향교(봉화) 대성전)

(개령향교(김천) 대성전)

(지례향교(김천) 대성전)

(울진향교(울진) 대성전)

(원주향교(원주) 대성전)

(흥암서원(상주) 강당)

(3) 기타건축

(경상감영공원(대구) 징청각)

(경상감영공원(대구) 선화당)

(강원감영(원주) 선화당)

(수원화성(수원) 화령전)

(창경궁(서울) 통명전)

(강릉객사(강릉) 중대청)

김제동헌(김제)

기성관(거제)

선산객사(구미)

(창경궁(서울) 양화당)

피향정(태인)

영남루(밀양)

■ 3고주 7량가 건축물 실례

(창원향교(창원) 대성전)

(강릉객사(강릉) 중대청)

2-5. 9량집

9량집(九梁架)이상은 매우 보기 어렵다. 부석사 무량수전과 수덕사 대웅전이 2고주 9량집인데, 고려시대 주심포 건물은 정확히 몇량 집이라고 하기에는 어칸과 측면 칸의 가구법이 다르고 도리가 기둥위 뿐만 아니라 퇴보 위 등에도 놓임에 따라서 어려운 부분이 있다. 9량집(九樑架)이상은 매우 보기 어렵다. 9량집은 전후의 평주 사이에 상부로 네 단의 보가 중첩된 구조이다. 즉 7량가의 구조에서 한 단의 보와 도리를 더 사용한 것이다. 네 단으로 중첩된 보 중에서 대들보와 종보 사이에 위치한 두 단의 보는 역시 중보라고 부르는데, 중보 중 상부의 것을 상중보(上中樑), 하부의 것을 하중보(下中樑)라 부른다. 도리 역시 주심도리와 종도리 사이에 위치한 세 단의 도리로 모두 중도리라 부르고 더욱 세분하여 위에서 부터 상중(上中)도리, 중중(中中)도리, 하중(下中)도리로 부른다. 9량집은 현존하는 우리나라의 목조건축에서 가장 큰 규모의 가구형식으로 궁궐이나 사찰 등 중요한 건축의 가장 커다란 규모의 전각에 사용되었다.

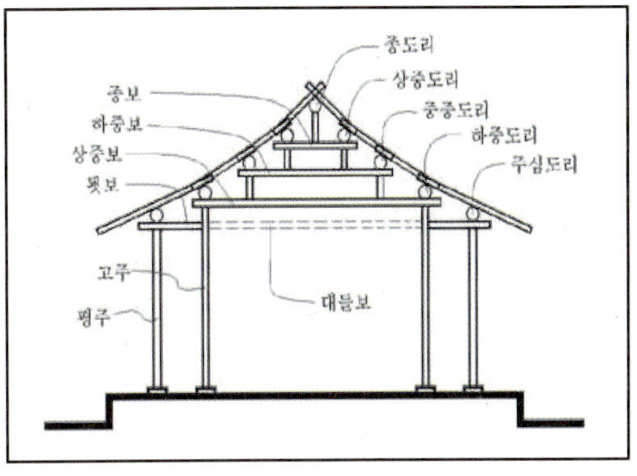

■ 2고주 9량집 건축물 실례

(1) 불교건축

(부석사(영주) 무량수전)

(수덕사(예산) 대웅전)

(수덕사(예산) 황하정루)

(봉은사(서울) 대웅전)

(봉은사(서울) 법왕루)

(불국사(경주) 비로전)

(기림사(경주) 약사전)

(개태사(논산) 용화대보궁)

(해인사(합천) 구광루)

(광덕사(천안) 대웅전)

(2) 기타건축

(나주향교(나주) 대성전)

세병관(통영)

금성관(나주)

(덕수궁(서울) 함녕전)

(경복궁(서울) 경회루)

(경복궁(서울) 경성전)

■ 1고주 9량집 건축물 실례

(통도사(양산) 대웅전)

전주객사(전주)

(창경궁(서울) 명정전)

(광양향교(광양) 대성전)

3. 공포

3-1. 개요

우리나라의 전통 건축물은 육중한 지붕 하중을 기둥에 합리적으로 전달, 분배하기 위하여 공포를 사용하였다. 공포(두공)는 보와 도리 기둥을 구조적으로 결합시켜 육중한 지붕의 하중을 기둥에 전달, 분배하는 부재이다.

주두, 첨차, 살미, 소로 등의 부재로 구성되며, 주두 위에 첨차와 살미가 직교하여 제공을 형성하고, 제공을 층층이 쌓아올림으로써 공포를 형성한다. 화려한 색채와 조각을 이용하여 장식함으로써, 시각적, 의장적으로 중요한 요소이다.

■ 정의

(1) 위치 : 기둥과 지붕 가구 사이

(2) 구성부재 : 주두(柱頭), 소로(小累), 첨차, 살미 등

(3) 구조적 기능
- 지붕의 하중을 도리, 보 등을 통해 전달받아 기둥에 전달
- 처마 길이의 신장(伸長)

(4) 의장적 기능
- 지붕이 건물의 몸체를 무겁게 짓누르는 듯한 압박감 감소
- 입면상 중요한 시각적인 비중을 점유
- 건물의 형식을 결정하는 가장 중요한 요소

■ 출목

작은 건물일 경우에는 기둥열상에만 도리를 놓고 서까래를 걸어도 처지지 않지만 많이 빠져나온 큰 건물의 경우에는 도리를 가능하면 기둥열 밖으로 빼야 서까래가 안정되게 걸린다. 이것을

출목이라고 한다.

출목은 기둥열을 중심으로 건물 안과 밖으로 모두 빠져나오는데 안으로 빠져나온 출목을 내출목(內出木), 밖으로 빠져나온 출목을 외출목(外出木)이라고 한다. 또 이 출목은 한 개만이 아니라 필요에 따라서 여러 개가 빠져나올 수 도 있다. 이때는 각각 번호를 붙여서 기둥 열에 가까운 것부터 내1출목, 내2출목, 내3출목..., 외1출목, 외2출목, 외3출목... 등으로 분류한다.

통상적으로 출목의 숫자는 외출목 수보다 내출목의 수가 1개 더 많다. 따라서 포작계 공포의 종류는 출목의 숫자에 따라 세분하여 〈몇 포집〉이라고 한다.

가장 간단한 것은 1출목인데, 1출목일 경우에는 3포집이다. 포의 숫자는 첨차의 숫자를 가지고 헤아리는데 1출목은 통상 첨차가 3개 있다는 의미이다.

그러나 때에 따라서는 출목수와 첨차의 개수가 일정치 않은 경우가 있으므로 통상적으로는 〈출목수 × 2+1+=포수〉로 한다.

예로 1출목인 경우에는 1 × 2 + 1 = 3이므로 3포집이 되고, 2출목인 경우에는 2×2+1=5이므로 5포집이 되는 것이다.

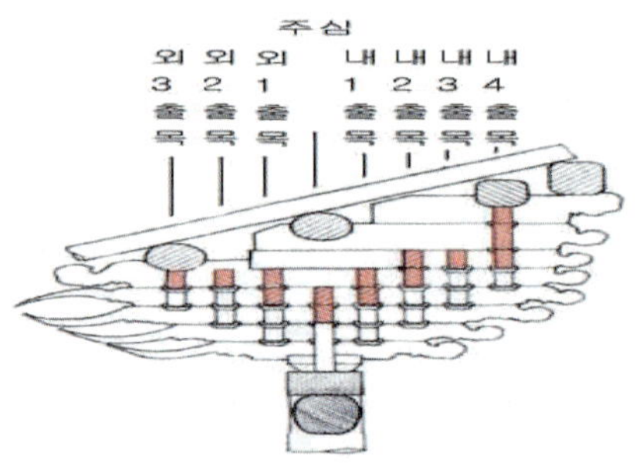

출목(외7포, 내9포)

포작계 공포의 종류는 이렇게 포수에 따라 분류되지만 포의 배치방식에 따라 주심포 형식과 다포형식으로 나누며 또 포부재의 모양에 따라 출목익공형식과 하앙식으로도 분류할 수 있다. 이것은 포의 배치와 모양에 따라 자의적으로 명칭을 붙인 것이다.

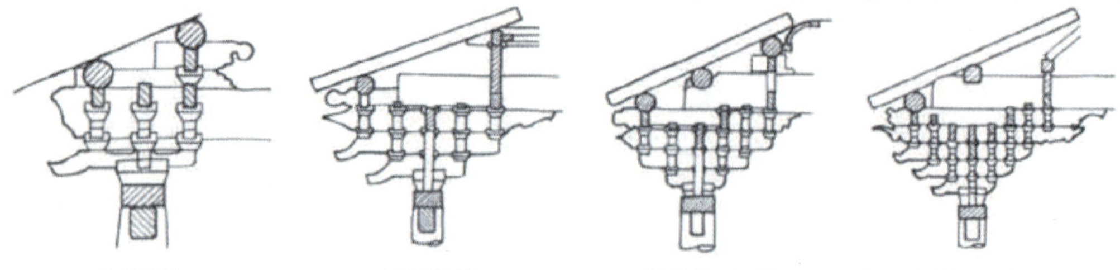

내외3포 내외5포 외5포 내7포 외7포 내9포

■ 공포의 원리

공포를 만드는 것은 지렛대 원리를 이용하여 바깥쪽으로 길게 뻗어 나온 처마의 하중을 받들게 한 것이다. 공포를 짜 올리는 데는 우선 기둥 위에 사각재의 주두를 놓고, 그 위에 첨차라고 부르는 짧은 가로재를 〈+〉자 모양이 되도록 전후 좌우로 배치한 다음 그 끝에 네모난 나무 토막인 소로를 놓고, 그 위에 다시 보다 긴 첨차를 얹는 방법을 되풀이 하는데, 지렛데의 원리를 이용하여 바깥쪽으로 길게 뻗어 나온 처마의 하중을 받들게 하는 것이다.

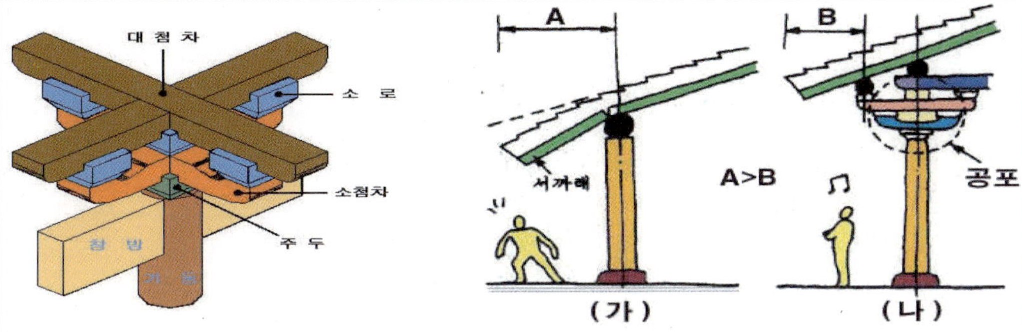

(공포의 원리)

3-2. 공포의 종류

한국 가옥의 지붕은 기와로 이루어져 있다. 기와 자체도 무거울 뿐 아니라 기와를 앉히기 위해 사용되는 서까래와 흙의 무게를 합치면 지붕의 전체 무게는 굉장히 무거워진다. 이러한 무게를 지탱하기 위해서는 특별한 구조가 필요하다. 이러한 특별한 구조에서 선조의 과학적 우수성을 알 수 있다. 공포란, 지붕의 무게를 기중에 전달하기 위해 기둥 위에서부터 대들보 아래까지 짧은 부재를 중첩하여 짜 맞추어 놓은 것을 말한다.

즉, 전통목조건축에서 앞으로 내민 처마(지붕이 치마도리 밖으로 내민 부분 즉 지붕이 벽체의 밖으로 나온 부분)를 안정되게 받치며 그 무게를 기둥이나 벽으로 전달시켜 주기 위해 기둥 위에서부터 대들보의 아래까지 짧은 여러 부재를 중첩하여 짜 맞추어 놓은 것을 말한다. 따라서 공포는 구조적 기능 뿐만 아니라 중첩되는 부재의 조각 형태에 따라 의장적으로도 매우 중요한 역할을 한다.

현재 한국의 전통 목조 건축은 공포가 놓여지는 위치와 결합 되는 방법에 따라 주심포, 다포 그리고 익공과 하앙으로 그 형식과 계열을 분류하고 있다.

지붕 하중을 기둥으로 전달하는 부재료로서 기둥으로부터 처마까지의 시선의 흐름을 원활히 해주며 시대구분에 매우 중요한 요소로 주심포 양식, 다포 양식, 익공 양식과 일부 남아 있는 하앙 양식도 포함한다.

3-3. 주심포식

■ 형식

주심포 양식은 고려초기에 신라와 송의 건축양식을 바탕으로 포의 배치방식에 따른 분류법으로 기둥 위에만 포가 놓인 공포형식을 말한다. 주심포형식 중에서 살미의 모양이 특별히 익공의 형태로 된 것을 익공형식으로 분류한다.

주심포형식은 대부분 1출목인 3포집이지만 익공형식은 출목이 있는 포작계의 출목 익공형식과 출목이 없는 비포작계의 무출목 익공형식이 있다. 주심포 형식은 주로 조선 초기 이전에 많이 사용되었으며 지붕의 형태는 맞배지붕이 많고, 천장은 특별히 만들지 않아 서까래가 노출되어 보이는 연등천장 건물이 대부분이다.

그러나 출목 익공계 주심포형식은 조선시대에 주로 사용된 공포형식으로 정전보다는 부속건물이나 작은 건물에 이용되었다.

■ 특징

기둥위에 바로 주두를 놓았고 치목이 아름답게 되어 있으며 천장은 연등천장을 하였다. 전통목조 건축의 가구 형식 중 가장 오래된 형식으로 소박한 느낌을 준다. 배흘림 기둥에 간단한 맞배지붕을 하고 있다.

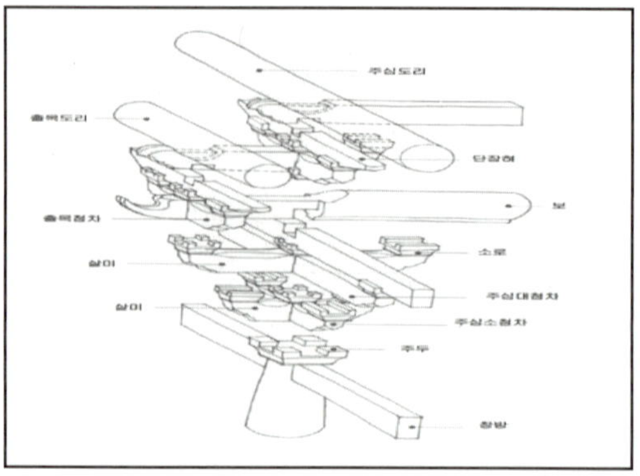

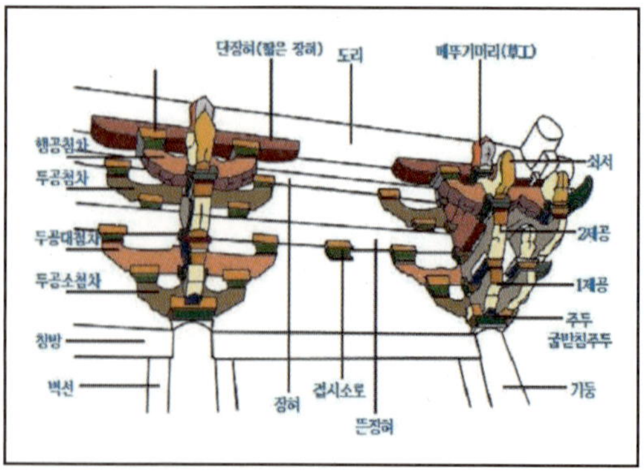

(1) 일반적으로 주상포만 있고 평방이 없다.

(2) 강한 배흘림, 약한 배흐림, 민흘림. 송광사 국사전 배흘림 없다.

(3) 보통 기둥에 헛첨차 사용(부석사 무량수전 내부 일부 사용) 봉정사 극락전, 무위사 극락전, 고산사 대웅전에는 헛첨차가 없으며, 은해사 거조암 영산전은 이중 헛첨차

(4) 주두 소로 굽은 내만된 곡면이고 굽받침은 있는 것과 없는 것이 함께 쓰였으나 한 건물에서는 동일한 유형이 사용되었다.

(5) 소로의 배치가 상하 불일치하나 후대에 가면 일치시킴, 초기에는 2출목에서 소로배치가 끝나며 1출목 소로 위에 도리방향 첨차 생략 되는 것이 보통임

(6) 첨차선단은 직절(봉정사 극락전)과 사절(부석사 무량수전 이후), 첨차 선단 하단부는 연화두형(쌍S자형, 중괄호형, 을자형 등으로 표현)

(7) 행공첨차 초각은 없는 것이 보통이나 조선초부터 초각으로 장식화 시작

(8) 장여는 단장여 혹은 반장여, 조선조에는 통장여

■ 시대별 건축물

(1) 고려 중기 : 봉정사 극락전, 부석사 무량수전

(2) 고려 후기 : 수덕사 대웅전(1308), 부석사 조사당

(3) 조선 초기 : 은혜사 거조암 영상전, 무의사 극락전(1746), 도갑사 해탈문(1473), 정수사 법당, 송광사 국사전 및 하사당, 고산사 대웅전

(4) 조선 중기 : 봉정사 화엄강당 및 고금당, 강릉 객사문

■ 구조별 건축물

(1) 우선, 축부에서

① 기둥의 경우

- 기둥에 배흘림이 있는 것; 봉정사 극락전 외 대부분
- 기둥에 배흘림이 없는 것; 송광사 국사전(가장 약함)

② 창방 뺄목의 형상

- 뺄목 끝을 직절(直切)한 것 ; 봉정사 극락전
- 뺄목 끝을 초각(草刻)한 것 ; 수덕사 대웅전, 강릉 객사문, 송광사 국사전 및 하사당, 무위사 극락전
- 뺄목이 없는 것 ; 무석사 부량수전
- 뺄목이 첨차형 ; 부석사 조사당

(2) 공포의 구성 내용을 보면

① 주두의 경우

- 주두의 굽이 곡선인 것 ; 봉정사 극락전
- 주두의 굽이 곡선이고, 굽받침이 있는 것 ; 부석사 무량수전, 수덕사 대웅전, 강릉 객사문
- 주두의 굽이 사절(斜切)되고, 굽받침이 없는 것 ; 부석사 조사당 외 대부분의 건물

② 두공의 경우

- 두공이 도리 방향이고, 살미 첨차는 보 방향인 것 ; 수덕사 대웅전
- 도리 방향은 두공이고, 보 방향은 교두형 첨차인 것 ; 봉정사 극락전, 부석사 조사당

③ 헛첨차의 경우

- 헛첨차가 없는 것 ; 봉정사 극락전, 부석사 무량수전
- 헛첨차가 있는 것 ; 수덕사 대웅전, 강릉 객사문, 은해사 거조암 영산전, 부석사 조사당, 무위사 극락전, 송광사 하사당 및 국사전, 정수사 법당 등 다수

④ 행공첨차의 경우

- 행공첨차가 있는 것 ; 부석사 무량수전, 수덕사 대웅전, 강릉 객사문, 무위사 극락전, 송광사 하사당 및 국사전, 정수사 법당, 관룡사 약사전 등 다수
- 행공첨차가 없고 단장여만 있는 것 ; 봉정사 극락전
- 행공첨차가 없이 통장여가 직접 외목도리를 받치는 것 ; 부석사 조사당, 도갑사 해탈문

⑤ 주심에서의 첨차짜임

- 소첨위에 대첨을 놓은 것 ; 부석사 무량수전(예가 드뭄)
- 중공 위에 장여를 놓고, 소첨을 놓은 것 ; 부석사 무량수전
- 소첨만을 놓고 장여 위에 소첨을 놓은 것 ; 수덕사 대웅전, 봉정사 극락전

(3) 가구의 구성 내용을 보면

① 도리와 보와의 관계

- 보 위에 직접 도리를 얹은 경우; 수덕사 조사당, 무위사 극락전
- 보와 도리를 분리한 경우; 봉정사 극락전, 수덕사 대웅전, 부석사 무량수전, 은해사 거조암 영산전, 강릉 객사문

② 내부 공간의 구성

- 고주를 세운 경우
  - ▸ 1고주; 봉정사 극락전
  - ▸ 2고주; 부석사 무량수전, 수덕사 대웅전, 은해사 거조암 영산전
- 고주가 없는경우; 부석사 조사당, 무위사 극락전, 송광사 국사전

③ 대공의 형상

- 화반대공 ; 봉정사 극락전, 무위사 극락전, 송광사 하사당
- 포대공 ; 부석사 무량수전, 수덕사 대웅전, 강릉 객사문, 부석사 조사당(종보는 판대공), 은해사 거조암 영산전(종보위에 동자대공), 도갑사 해탈문
- 판대공 ; 관룡사 약사전(대들보위 포대공)
- 동자대공 ; 송광사 국사전(종보위 판대공)

④ 합장재의 유무

- 솟을합장을 사용한 것 ; 봉정사 극락전, 부석사 무량수전, 수덕사 대웅전, 성불사 극락전, 부석사 조사당, 은해사 거조암 영산전, 무위사 극락전, 도갑사 해탈문
- 솟을합장이 없는 것 ; 강릉 객사문(원래 있었을 가능성이 있다.), 관룡사 극락선, 송광사 국사전 및 하사당

⑤ 천정의 형상

- 연등천정; 봉정사 극락전 외 대부분
- 우물천정; 무위사 극락전(후보수 가능성), 송광사 국사전(후보수 가능성)

■ 요약

축부에서 기둥의 배흘림 내용을 보면, 주심포식은 봉정사 극락전을 비롯한 대부분의 건물에 이 기법이 보이며, 특히 배흘림의 현저함은 고려말 건물에 두드러진다. 16세기 이후부터는 배흘림의 기법이 차차 쇠퇴하여 가는 경향을 볼 수 있다.

창방의 뺄목 내용을 보면, 한국에서 가장 오래된 봉정사 극락전은 뺄목을 직절하여 아무런 초

각이 되어 있지 않았다. 또 부석사 무량수전은 뺄목이 없는 것이 특징이며, 이는 오히려 봉정사 극락전보다 앞선 기법을 보여준다. 이들 건물 외의 건물은 거의 뺄목끝을 조각하였고, 이 기법은 계속 후대에 계승되고 있다. 부석사 조사당을 보면, 뺄목이 첨차처럼 되어 측면의 헛첨차 역할을 하고 있어 특이하다.

다음 공포 구성의 내용을 보면, 우선 주두와 소로의 형상에서 세 가지 유형이 보이는데 봉정사 극락전은 주두굽이 곡면을 갖는 형상이고, 부석사 무량수전을 비롯하여 수덕사 대웅전, 강릉 객사문 등은 모두 봉정사 극락전 주두 모양에 굽받침을 갖고 있는 형식으로 이러한 주두 모양은 고려말에서만 보인다. 또 하나의 주두 모양은 다포건축에서 흔히 볼수 있는 굽 모양이 사절된 주두 모양으로 부석사 조사당에 보이며, 이 기법은 조선시대 주심포식에 널리 보급된다.

주두위에 놓이는 두공의 형식은 주두 위에 십자형을 짜는데, 이러한 열십자형 첨차를 두공이라 한다. 한국건축에서는 보 방향의 두공은 두공첨차라 하며 도리방향의 두공을 산미첨차라고 하며 도리 방향의 두공은 두공 첨차라 부르기도 한다. 그런데 주심포식 공포에서 이 두공의 형상이 두 가지로 나타나는데, 그 하나는 산미첨차 선단에 의장용 조각을 한 것이고, 수덕사 대웅전에 이 형상이 보이며, 또 하나는 도리 및 보 방향의 첨차를 동일도리 및 보 방향의 첨차를 동일한 형식으로 한 것인데, 이러한 것은 봉정사 극락전과 부석사 무량수전의 경우에는 도리 방향의 두공이 소첨과 대첨이 중첩된 소위 중공형식이며, 그 위에 장여를 보내고 그 위에 다시 첨차를 올려 놓고 있어 다른 건물과 다르다.

수덕사 대웅전은 두공이 도리 방향의 단공이고, 그 위에 장여, 그리고 장여 위에 첨차가 하나 놓여 부석사 무량수전과 동일한 모습을 보이고 있다.

헛첨차는 봉정사 극락전과 부석사 무량수전을 제외하고는 모두 헛첨차를 갖고 있다. 고로 헛첨차가 없는 건물이 옛식인 것만은 틀림없다. 그러나 이 헛첨자의 원류가 어디에 있는지는 아직 분명하지 않다. 공포의 최선단 상부에는 외목도리가 얹히는데 이 도리 바로 밑에는 장여가 받치고, 장여 밑에는 행공첨차가 있는 것이 일반적인 구성방법인데 행공첨차가 없는 건물이 있다. 이러한 건물은 봉정사 극락전과 부석사 조사당, 도갑사 해탈문 등인데, 이 중에서도 봉정사 극락전만이 단장여로 되었고, 나머지 두 건물은 통장여로 되었다.

행공첨차가 없는 공포는 중국에서 말하는 완전한 투심조(偸心造) 이며 행공첨차가 있다할지라도 투심조적 성격의 공포로 보아야 할 것이다.

가구의 내용을 보면, 우선 도리와 보와의 관계에서 보 위에 직접 도리를 얹는 경우와 보와 도리가 분리되어 있는 두 가지 경우가 있다.

전자의 경우는 부석사 조사당, 무위사 극락전 등에서 보이며, 후자의 예는 봉정사 극락전을 비롯하여 부석사 무량수전, 수덕사 대웅전, 강릉 객사문, 은해사 거조암 영산전 등 고려기 건물의 대부분에서 볼 수 있어 고려기 주심포 건물이 가지는 하나의 특성이라 할 수 있다.

건물 내용의 고주 사용은 1고주, 2고주의 예가 보이는데, 1고주는 봉정사 극락전, 2고주는 부석사 무량수전, 수덕사 대웅전, 은해사 거조암 영산전 등이며 고주가 없는 건물로는 부석사 조사당, 무위사 극락전, 송광사 국사전이 그 예이다.

보 위의 대공 내용을 보면, 크게 4가지 유형으로 나눌 수 있는데, 그 분류는 화반대공, 포대공, 판대공, 동자대공이다. 화반 대공과 포대공은 주심포식의 특색으로 대부분의 건물들이 이 두 가지 대공을 사용하였으며, 판대공과 동자대공은 주심포식 건물에서는 사용예가 드물다. 또한 솟을 합장역시 고려기 건물이 주심포식에서는 대부분 보이며, 조선 초기에 들어와서 차차 소멸하는 경향이다. 천정은 연등천정이 대다수이며, 조선초기의 것에 보이고 있는 우물천정도 후대에 부가되었을 가능성이 높다.

■ 건축물 실례

(1) 불교건축

(정수사(강화) 법당)

(도갑사(영암) 해탈문)

(송광사(순천) 국사전)

(무위사(강진) 극락전)

(봉정사(안동) 극락전)

(부석사(영주) 무량수전)

(수덕사(예산) 대웅전)

(범어사(부산) 불이문)

(거조암(영천) 영산전)

(수타사(홍천) 흥회루)

(2) 유교건축

(노강서원(논산) 강당)

(도동서원(현풍) 강당)

(강릉향교(강릉) 대성전)

(경주향교(경주) 대성전)

(안동향교(안동) 대성전)

(장수향교(장수) 대성전)

(나주향교(나주) 대성전)

(광주향교(광주) 대성전)

(김제향교(김제) 대성전)

(김해향교(김해) 대성전)

(3) 기타건축

(강릉객사(강릉) 객사문)

(경희궁(서울) 숭전전)

안성객사(안성)

죽서루(삼척)

영남루(밀양)

청간정(속초)

3-4. 다포식

■ 형식

다포형식(多包形式)이란 포의 배치방식에 따른 분류법으로 기둥 위와 기둥사이에도 포가 놓인 공포형식을 말한다. 즉 포가 많다는 의미이다.

이때 기둥 위에 있는 포를 〈주심포(柱心包)〉 또는 〈주상포(柱上包)〉, 기둥사이에 놓인 포를 〈주간포(柱間包)〉 또는 〈간포(間包)〉라고도 한다. 다포형식은 주심포에 비해 화려하게 보이지만 조선시대 부재의 규격화와 구조의 합리화에 따라 나타난 형식이다.

고려 말부터 다포형식이 쓰였지만 주로 조선시대에 사용되었고, 큰 건물과 정전에는 다포로 하는 경우가 많았다. 익공형식에 비해서는 격이 높았기 때문에 경복궁의 예를 보면 정전인 경우에는 다포로 했으나 경회루의 경우에는 건물의 규모가 매우 큼에도 불구하고 익공형식으로 하였다. 다포형식은 팔작지붕이 많으며, 천장은 우물천장으로 만드는 경우가 대부분이다.

■ 특징

교두형 첨자를 사용하며 배흘림이 심하지 않고 부재가 규격화 투박화 되는 것을 내부 반자를 두어 은폐하였다. 건물을 장중하게 보이게 하기 위해 포작도 여러층 겹쳐짜고 팔작지붕으로 하고 있다.

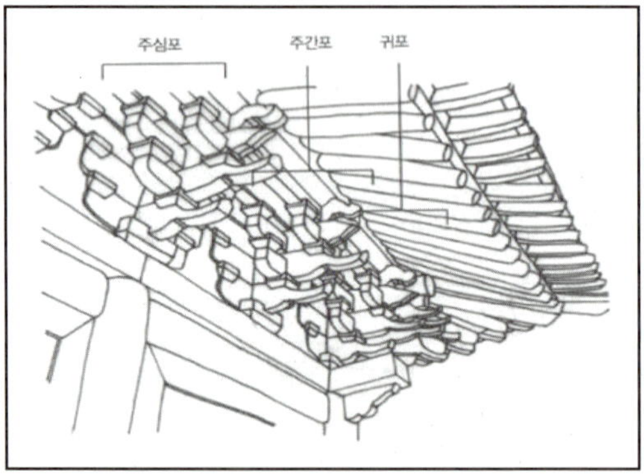

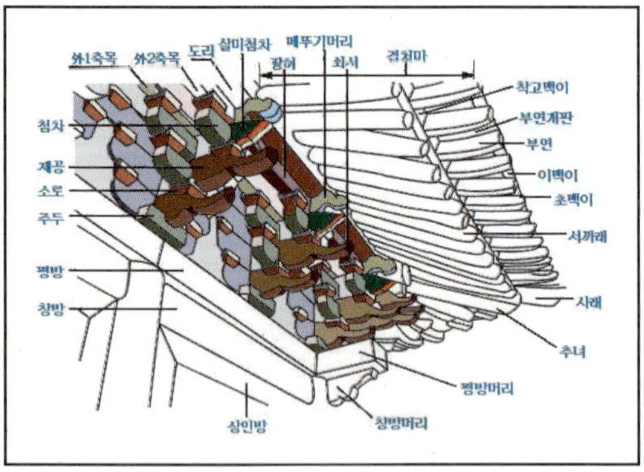

■ 시대별 건축물

(1) 고려 후기: 심원사 보광전(1374), 석왕사 응진전(1386)

(2) 조선 초기: 서울 남대문(1448), 봉정사 대웅전, 율곡사 대웅전

(3) 조선 중기: 전등사 대웅전(1621), 법주사 팔상전(1624), 내소사 대웅전

(4) 조선 후기: 불국사 극락전(1751) 대웅전(1765), 해인사 대적광전(1796), 남대문(1867년), 동대문(1869년) 경복궁 근정전 (1867년), 창덕궁 인정전(1804년), 창경궁 명전전(1616년), 덕수궁 중화전(1908년), 해인사 대웅전, 신륵사 대웅전

■ 구조별 건축물

(1) 우선축부에서

① 기둥의 경우

- 기둥에 배흘림이 있는것; 심원사 보광전, 석왕사 응진전
- 기둥에 배흘림이 없는것; 개성 남대문 ,서울 남대문

② 창방 뺄목의 형상

- 뺄목 끝을 직절한 것; 평양 대동문, 의주 남문
- 뺄목 끝을 초각한것; 심원사 보광전외 대부분의 건물

(2) 공포에서

① 공간포의 배치 내용

- 정면 중앙간에 1구 ; 석왕사 응진전
- 정면 중앙간에 2구 ; 심원사 보광전
- 정면 중앙간에 3구 ; 개성 남대문
- 정면 중앙간에 4구 ; 서울 남대문

② 공포 외부의구성

- 출목수
  - ▸ 1출목; 평양 보통문, 개성 남대문
  - ▸ 2출목; 봉정사 대웅전, 개심사 대웅전, 석왕사 응진전, 서울 남대문 하층
  - ▸ 3출목; 심원사 보광전
- 중공 계심조; 심원 보광전외 대부분
- 중공 계심조에 투심조가 보이는 것; 평양 숭인전, 평양 보통문, 평양 대동문
- 우설형과 교두형 첨차의 사용

- 우설형만으로 된것; 개성 남대문, 개심사 대웅전, 서울 남대문 하층
- 우설형과 교두형 병용; 심원사 보광전, 석왕사 응진전, 평양 보통문, 봉정사 대웅전

(3) 가구 구성의 내용을 보면

① 보와 도리와의 관계

- 보위에 도리를 얹은 경우; 개심사 대웅전, 봉정사 대웅전
- 보와 도리를 분리한 경우
- 종보 및 대들보를 병용한 경우; 심원사 보광전

② 내부 공간의구성

- 고주를 세운 경우
  - ▸ 1고주; 심원사 보광전, 봉정사 대웅전
  - ▸ 2고주; 평양 보통문(중층)
- 고주가 없는 경우; 개심사 대웅전

③ 대공형상

- 동자대공; 심원사 보광전, 봉정사 대웅전
- 화반대공(파련대공 포함); 평양 보통문, 개심사 대웅전

④ 솟을 합장재의 유무

- 솟을 합장을 사용한것; 심원사 보광전, 종정사 대웅전. 개심사 대웅전, 평양 보통문

⑤ 천정의 형상

- 연등천성; 심원사 보광전(외진은 빗천정), 개심사 대웅전
- 우물천정; 봉정사 대웅전(원래는 연등으로 추정)

■ 요약

측부에서는 기둥이 주심포 건물에 비해 배흘림이 적거나 거의 원통형의 기둥이다. 그러나 고려말의 건물이 심원사 보광전과 석왕사 응진전에는 배흘림이 보이고 있어 고려기의 다포식에는 배흘림이 사용되었지만, 조선초기부터는 배흘림이 약해지거나 소멸되는 경향을 읽을 수 있다. 중국의 경우에는 배흘림 기법이 당 이후에는 강남에서 약간 보일 뿐 흔치 않으므로 이 기법은 주심포계의 영향이라고도 할 수 있을 것 같다.

다음으로는 창방의 뺄목에 주목하면 평양 대동문은 직절하였고, 심원사 보광전 등 대부분의

건물은 초각을 하였다. 중국의 경우에는 평방과 직절한 평방 뺄목이 11세기 초에 나타나고(遼 나라 봉국사 대전. 1020년) 12세기 후반에는 뺄목을 고형(孤形)의 평방(현묘관 삼청전, 1179년, 공묘비정, 1195년)으로 만든 것이 보인다. 화북지방에서는 이후 계속 사용된다. 한국의 평방은 화북의 것과 대비되며, 중국 강남의 경우는 화북보다 이 보급이 좀 늦어져 원대에서도 일반화되지 못하였다. 창방의 뺄목은 중국의 경우는 직절의 것이 10세기 말에 나타나도, 12세기중반에는 고형이 화북, 강남 등지에서 함께 나타나 원나라에도 보급되고 명, 청대까지 이어진다. 한국의 창방 뺄목 형상은 원대의 것과 흡사한 점이 많다. 창방 뺄목을 초각없이 직절한 것은 앞에 예를 든 창방으로 평양 대동문(1576년)과 의주 남문(1521년)인데, 주심포 건물에서는 이미 고려 시대의 봉정사 극락전에 직절의 창방 뺄목이 나타나고 있어 연대를 올려도 무방하며, 이는 중국의 요대에 보이는 것과 대비할 필요가 있다. 공포에서는 우선 중앙간에 몇 구의 공간포가 배치되는가 하는 것이 중요하며, 주상공포와 공간포의 형상이 같은지 아닌지를 검토할 필요가 있다. 한국의 다포식 공포는 주상공포와 공간포의 형식이 동일하며 중앙간의 공간포는 서울 남대문, 신륵사 조사당, 평양 보통문, 평양 대동문 등이 4구를 놓았고, 3구를 놓은 것은 개성 남대문, 석왕사 호지문, 평양 숭인전, 2구는 심원사 보광전, 봉정사 대웅전, 개심사 대웅전, 청평사 극락전, 1구의 건물은 석왕사 웅진전 등 다양하다. 중국의 다포건물을 보면, 오대산 불광사 대전(875년)에서 공간포를 볼 수 있는데, 이 공간포는 주상의 공포와는 다른 공간포로 출목수가 적은 것이며, 그 다음으로는 오대의 봉국사 대전(1020년)으로 공간 포가 주상포와 같고 요대까지 즉 당, 오대, 요대가지는 중앙간, 협간의 공간포는 각각 1구씩 배치된 것 같다.

북송때에 들어와서는 공간포의 구성기법이 발달하여 남송, 금대의 건물에서는 중앙간에 2구의 공간포가 많이 사용되었고, 원대에도 13세기까지는 그때와 같았으나 14세기에 들어와 중앙 간에 3구, 또는 4구의 건물이 보이고 있다. 명대에서는 권위 건축에 6-8구의 중앙간 공간포노 보이고 있어, 시대가 내려옴으로서 중앙간에 1구 배치된 것은 요대까지 올려 볼 수 있는 가능성이 있다고 생각되므로, 석왕사 응진전(1386년)은 11세기가지 올려 볼 수 있는 양식이라 생각된다.

다음은 공포의 출목수(出目數)로 1출목에서 3출목의 것이 주로 보이는데, 1출목인 것은 평양 보통문, 개성 남대문이며 2층목은 봉정사 대웅전, 개심사 대웅전, 석왕사 응진전, 그리고 서울 남대문 하층이고, 3출목은 심원사 보광전이다. 이들 출목과 관련을 지어 생각해 볼 것은 출목과 직교하는 첨차로서 중국에서 말하는 계심조(計心造; 출목과 직교하여 첨차가 좌우로 전개 되는 형식)인지 투심조(偸心造; 출목이 있으나 출목과 직교되는 첨차가 없는 것, 즉 출목에서 좌우로 전개되지 않은 형식)인지가 문제인데, 한국의 고려말 조선초의 다포 건물은 평양 숭인전(1467년), 평양 보통문(143년), 평양 대동문(1576년)에 투심조가 보일 뿐 대부분 계심조이며 출목에 직교하는 첨차가 소첨과 대첨으로 소위 중국에서 중공이라 불리는 형식을 취하고 있는 것이 대부분이다. 중국의 경우는 계심조보다 투심조가 앞서는 양식으로 보고 있으며, 계심조이며 중공형식인 것이 유행한 것은 12세기 이후일 것으로 보는 견해가 있다. 그러나 지역적으로 보면 현존하는 건물중 강남의 송,원대 건물 중 완전한 중공계심조가 보이지 않고 있어 의문이지만, 일본의 다포가 남송의 말기에 강남 오산의 건축에 원류를 갖고 있다는 설을 인정한다면 이곳에도 있었다고 보아야 할 것이다. 일부 학자는 다포식의 투심조가 주심포식의 투심조에서 영향을 받은 것이 아닌가 하는 설도 있으나. 다포식의 옛 식 계통의 가능성도 있다고 보인다.

다음은 산미첨차의 선단 형상으로 우설형과 교두형 두 가지 형상이 있는데, 우설형으로만 된 것은 개성 남대문, 개심사 대웅전, 서울 남대문 등이 있고 우설형과 교두형을 함께 사용한 예는 심원사 보광전을 비롯하여 석왕사 응진전, 평양 보통문, 봉정사 대웅전 등에서 볼 수 있다. 우설형은 원래 하앙의 선단 부분을 표현한 것이라 생각되는데, 이 시대에는 하앙 구조의 유구는 하나도 현존하지 않고 있어 실제 하앙구조의 건물이 있었는지 아닌지 확실하지 않고, 다만 임진난 이후의 건물로 현재 전북 완주군의 화음사 극락전이 한 동 보일 뿐이다. 중국에서는 하양의 본래 기능을 갖고 있는 형식을 진앙이라 하고 하앙의 형식만을 나타내는 산미첨차 끝에 우설형을 조각한 형식을 가앙이라 한다. 따라서 한국의 우설형 다포식 공포는 거의가 가앙이라 할 수 있다. 중국의 경우에는 가앙이 보이는 최초의 것이 태원 진사 성모전(1023-1102년)이며, 이 건물에 서는 진앙과 가앙을 함께 사용하였고, 가양만으로 된 건물은 산서 진성 야저촌 대묘 대제전(1169년), 강남 소주 현묘관 삼청전(1179)에서 보여, 12세기후반에서부터 가앙의 실제 모습이 나타나고 있다.

원대 이후 명,청대에서 많은 가앙 건물이 보이며 특히 청대의 건물은 거의 모두 가앙 건물이라는 사실이 조사되었다. 가구의 구성 내용을 보면, 우선 보와 도리의 관계에서 보 위에 도리를 얹는 경우와 보와 도리가 분리되어 보 위에 도리가 직접 놓이지 않고 보 위에 든 상태인데, 일반적으로 후자의 것이 옛식인것 같다. 후자의 것으로는 심원사 보광전의 평주 상부에서 보인다. 심원사 보광전에서의 특이한 점은 공포 외부 선단 최상부애 첨차 하나를 올려 놓고 있는 것인데, 이로 인해 도리가 보 위에 뜨게 된 결과를 가져온 것 같은 느낌이 든다. 내부의 공간을 보면, 고주를 세운 경우와 고주를 없앤 내부공간으로 둘 수 있는데, 하나의 고주를 세운 건물로는 심원사 보광전과 봉정사 대웅전이 있고, 2고주는 중층 건물인 평양 보통문이 있다. 고주를 없앤 건물은 개심사 대웅전 등이 있다. 대들보나 종보 위에 얹은 대공은 동자주를 세운 데와 화반을 사용한 예가 보이는데, 동자주의 예는 심원사 보광전, 봉정사 대웅전 등에 보이고, 화반의 예는 평양 보통문, 개심사 대웅전 등에 사용되었다. 중국 건축의 다포식 전형은 동자주를 얹는것이라 보이므로 한국이 다포 건물에서 화반은 주심포의 영향이 아닌가 추정된다. 솟을 합장의 사용은 심원사 보광전, 봉정사 대웅전, 개심사 대웅전, 평양 보통문 등이며, 16세기이후 다포식에서는 이 기법이 나타나지 않는다. 천정은 연등천정, 우물 천정, 연등.우물겸용 등이 있는데 심원사 보광전은 내진 상부는 우물천정이고 외진은 판재의 빗천정으로 하였고, 개심사 대웅전은 연등천정이며 봉정사 대웅전은 현재 우물천정으로 되어 있으나, 원래는 연등천정이었던 것으로 생각된다. 중국의 다포 건물이 10세기 이후 부터 우물천정이 사용된 것을 보면 한국 다포 건물의 연등천정은 옛 식이거나. 아니면 주심포식의 양식을 흡수한 영향이라 생각된다.

■ 건축물 실례

(1) 불교건축

(전등사(강화) 대웅전)

(화암사(완주) 극락전)

(법주사(보은) 팔상전)

(내소사(부안) 대웅보전)

(불국사(경주) 대웅전)

(해인사(합천) 대적광전)

(화엄사(구례) 각황전)

(통도사(양산) 대웅전)

(개심사(서산) 대웅전)

(봉정사(안동) 대웅전)

(2) 유교건축

(경기전(전주) 정전)

(성균관(서울) 대성전)

(대구향교(대구) 대성전)

(성주향교(성주) 대성전)

(봉암서원(장성) 사당)

(3) 기타건축

남대문(서울)

(창경궁(서울) 홍화문)

(창경궁(서울) 명정문)

(창경궁(서울) 명정전)

(창경궁(서울) 문정전)

(덕수궁(서울) 중화전)

(덕수궁(서울) 대한문)

(경복궁(서울) 근정전)

(경복궁(서울) 사정전)

(창덕궁(서울) 인정전)

3-5. 익공식

■ 형식

익공집은 기둥 위와 기둥 사이에 공포를 짜 올리는 것이 아니라, 대체로 주두 밑에 창방과 직교되게 첨차식으로 새의 날개 모양의 조각을 한 익공이라 부르는 부재를 끼워서 만든 것으로, 익공이 하나로 된 경우에는 초익공, 익공이 상당 2단으로 된 경우에는 이익공이라 부른다. 기둥 위의 밖으로는 쇠서의 형태로, 그리고 안으로는 보아지의 역할을 하는 하나의 부재를 기둥머리에 맞물리게 끼우고 그 위에 주두 두공과 쇠서를 짜서 공포를 꾸미는 형식이다. 따라서 외관상으로는 주심포 형식과 유사하게 보이나 주심포에서 보이는 헛첨차의 위치에 놓이는 쇠서 보아지가 하나의 판의 형태로 기둥과 주두를 함께 감싸고 있어 그 위로 주두 위에 놓이는 쇠서의 하단부와 서로 맞닿게 되는 형태를 가진다. 익공은 놓여지는 쇠서의 수에 따라 초익공과 이익공으로 대별되며 이익공은 그 상단에 주두와 같은 형태의 납작한 재주두를 놓아 대들보 머리를 받치기도 한다. 익공 형식은 외관이 다포계의 건물처럼 화려하지 않으나 부재의 양이 훨씬 줄어들며 또한, 치목과 결구의 합리적인 방법 때문에 사찰의 부속건물이나 궁궐의 편전과 침전, 문루, 그리고 향교나 서원, 상류주택 등 조선시대의 각종 건물에 폭넓게 사용되었다.

■ 특징

조선 초기에 주심포 양식을 간략화 한 것으로 기둥위에 새 날개처럼 첨차식 장식을 장식효과와 주심도리를 높이는 양식이다. 조선시대 초 우리나라에서 독자적으로 개발되어 사용된 공포양식으로 향교, 서원, 사당 등의 유교 건축물에 주로 사용되었으며 궁궐이나 사찰의 침선, 누각, 회랑 등 주요건물이 아닌 부차적 건물에 주로 사용되었다.

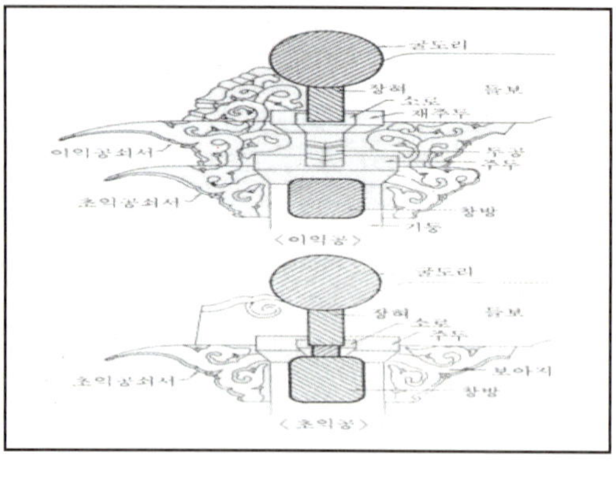

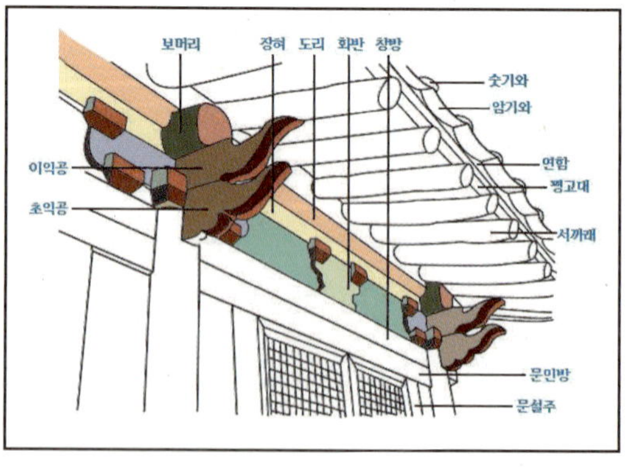

(1) 익공계양식의 일반적 특징

① 주심포 건축양식과 비슷한 하나의 새로운 양식으로 구성하며 주심포 양식을 따른다. 쇠서,첨차, 제공 기타세부 의장은 다포양식을 따른다.

② 익공포작건물은 주심포나 다포식의 건물에 비해 격식이 낮아서 주심포나 다포로 꾸민 부속 건물이나 소규모 건물에 쓰이면서 민도리집이나 소로수장집 보다는 높은 격식을 지니고 있다.(주로 궁궐의 침전, 유교건축, 관아건축 등에 사용되었다.)

③ 주심포 양식과 비교 할 때 공통점은 주심에만 공포를 짜고 화반, 소로, 운공 등으로 받치고 있으며 내출목도 없다. 외출목도 1출목 정도로 한다.

④ 주심포 양식과의 차이점은 주심포양식이 기둥머리에서 헛첨차를 바깥쪽으로만 끼우고 첨차나 살미첨차가 교두형 또는 쌍 S자형으로 하는데 반해 익공양식은 기둥머리에서 안팎으로 내밀어, 바깥쪽은 쇠서로 되고 안쪽은 보를 받치는 보아지가 된다. 즉 쇠서는 보와 기둥에 짜여지는 보의 숭어턱, 뺄목을 보강하는 보아지로서 구조상유리하며 바깥 끝은 쇠서 모양으로 장식하고 내부는 보밑을 받치는 보강제가 되는 것이다.(그리고 쇠서에 직교하는 두공은 마구리를 사절하고 밑면에는 최새김을 한다.)

⑤ 기둥은 원형을 쓰는 것이 일반적이며 대게 민흘림을 둔다. 주두 소로는 평굽이 일반적이고, ㄱ 운두는 주심포와 다포계에 비해 낮은 편이다. 쇠서는 수서나 앙서로 만들어(주로수서)옆면에는 초새김을 하고 밑면, 윗면에는 연화 연봉 등을 초각을 두기도 한다. 최하부 쇠서는 주두 밑에서 기둥머리에 끼어서 주심포나 다포에서는 볼 수 없는 것이며 주심포의 헛 첨차 다포의 안초공과 유사하지만 구조상으로는 전혀 다르다.

⑥ 익공의 짜임은 기둥머리에서 창방과 직교하여 짜고 위에 주두를놓고 보와 장여를 받는다. 그리고 이익공에서는 재주두가 보와 장여를 받게 된다. 도리는 굴도리를 사용(내부는 간단하게 동자주 대공으로 꾸민다.)한다.

⑦ 익공계의 발달 설은 삼국시대서부터 발달 했다는 것과 구조적으로는 창방뺄목에서 발생 보아지, 헛 첨차에서 발생했다고 본다.

(2) 초익공건축 양식의 특징

① 초익공은 초가지 하나로 꾸민 익공포작으로 포집 중에서도 가장 간단한 양식이다.

② 기둥의 화통가자에 창방을 건너지르고 이에 직교하여 쇠서 보아지를 끼운 위에 주두를 놓고 주구의 사갈튼 곳에 보의 숭어턱과 숭어턱 옆면에 끼이는 도리밑의 장여를 받게 된다.

③ 기둥과 기둥사이에 주간은 장여와 창방 사이에 소로를 놓아 장식한다.

④ 귓기둥 왕지도리 밑에는 창방이 교차하며 그 뺄목 끝머리는 쇠서로 만들고, 또한 여기에 45도 추녀방향으로 귀한대 쇠서를 삼분턱 맞춤하여 끼울때도 있다.(출목익공에서 많이 한다.)왕지도리 밑에 장여는 창방쇠서 위에서 직절하기도 하고 운공을 새겨내기도 한다.

⑤ 초익공에서는 대게 내외무출목으로 하지만(서울사직단정문)에서는 초익공이라도 보의 뺄목을 길게내서 외1출목으로 꾸며 출목두공을 두고, 그 위에 장여와 출목도리를 받게 하였다. 그리고 보머리는 삼분두로 조각한다.

⑥ 쇠서는 일반적으로 수서를 많이 쓰지만 앙서로 된 것도 있고 물익공이라 하여 쇠서끝을 둥근 모양으로 초각하기도 한다. 각기 옆면에는 초새김을 하여 그 밑변이나 윗면에는 연화/연봉 등으로 꽃새김을 할 때도 있다.

(3) 2익공 건축양식의 특징

① 이익공은 주심에서 쇠서 보아지 두 개를 상하에 짠 것으로 밑의 초익공은 기둥 상부의 화통가지에 끼어 창방과 직교하여 위의 주두를 받고 위의 익공은 주두에 끼어 도리방향 주심두공과 직교한다.

② 그 위에 재주두를 놓아 보와 도리, 장여가 앉히게 되며 주칸에는 창방과 장여 사이에 화반을 끼워 장식한다.

③ 이익공도 기둥바깥쪽으로는 쇠서로 장식하고 안으로는 보밑 받침으로 보아지가 되어, 보의 짜입새, 숭어턱 등으로 보강한다.

④ 귓기둥 왕지도리 밑에는 직교하는 창방의 뺄목을 쇠서로 내밀고 주두를 놓고, 쇠서 두공을 교차시켜 짜고, 그위에 재주두를 놓아 직교하는 장여와 도리를 건다.

⑤ 쇠서의 형태는 2앙서, 또는 2수서 또는 초익공은 앙서 이익공은 수서로 하며 초익공과 같이 물익공을 쓰기도 하는데 상하 물익공으로 하며 쇠서와 혼용되지 않는다.

⑥ 주칸에 놓은 화반은 동자 받침, 솟을화반, 복화반, 초각화반 등을 쓸수 있으나, 대개는 초각화반을 사용(경복궁경회루, 강령전, 교태전, 창덕궁 통명전)등의 건물은 창방과 장여사이에 두껍고 긴판재를 건너 지르고 화반에 놓일 위치에 화반초를 새긴 장화반을 두고 있다. 간단한 정자, 주택에는 네모 또는 원형받침으로 하고 초새김 없이 놓기도 한다. 또 화반 상부에 소로를 1~3개 얹고 그 위에 장여와 직교하는 운공을 두기도 한다.

(4) 1출목 2익공 건축의 특징

① 출목익공은 일반적으로 이익공을 쓰지만(서울 사직단 정문)에서 처럼 초익공에 쓰인 예도 있으며 내출목은 두지 않고 외 1출목으로 한다.

② 출목에는 출목도리와 장여만 걸때도 있고, 그밑에 행공첨차 모양의 출목익공을 받칠 때도 있다.

③ 출목은 초익공 쇠서위에 소로를 놓고 장여만을 걸거나 출목두공 이익공 쇠서와 교차하여 짜고 장여를 건다.

④ 초익공과 이익공의 외부는 쇠서로 장식하며 내부는 초익공 윗면과 이익공 밑면이 맞닿으면서, 보아지 형태로 보밑을 받치게 된다. 초익공의 안쪽은 물익공처럼되고 이익공은 빗자르고 밑은 초각을 하며 이익공의 위끝은 소로를 얹어 보를 받게 할수 있으나 보의 단면이 크므로 쓰이지 않는다.

⑤ 주심두공은 초익공 위에 얹은 주두에 끼이며 이익공 쇠서와 교차한다. 그 위에 재주두를 얹어 보와 장여을 건다.

⑥ 출목에서는 1출목 소로위에 초익공 쇠서와 직교하여 출목두공을 얹고 이익공 쇠서와 출목장여를 건너댄다.

⑦ 장여는 보 뺄목 옆에 끼이며 출목도리를 받는다.

⑧ 주심두공은 출목 두공보다 길게 만들며 다포집의 대소첨차 길이와 같은 정도로 한다.

⑨ 출목익공에서는 귓기둥 위에 귀한대 익공을 짜는 것이 보통이고, 출목장여 밑의 행공두공은 주심에서 교차되는 출목까지 한재로 연장하여 끝을 쇠서로 처리한다.

⑩ 주칸에는 창방위의 2~3개정도의 동자받침, 솟을화반, 복화반 초각화반등을 배치하고 화반윗면에 소로를 끼워 장여를 받치게 하며 화반의 옆면은 초새김하고 도리방향 좁은 면은 초각하기도 하며 초새김없이 놓는 경우도 있다.

화반의 상부는 장여와 반턱으로 (맞춤)으로 직교하여 도리 안팎으로 받으며, 처마밑을 장식하는 운공을 놓기도 한다.(경복궁 경회루)

■ 시대별 건축물

(1) 조선 초기: 옥산서원 독락당(1532,초익공), 강릉 오죽헌(이익공)

(2) 조선 중기: 서울 동묘(초익공), 서울 문묘 명륜당(1606, 이익공)

(3) 조선 후기: 경복궁 향원정, 수원 화서문, 부석사 응진전, 자인당, 봉정사 화엄강당, 통도사 만세루

■ 구조별 건축물

(1) 제공의 숫자

① 초익공

- 무출목 초익공 : 가장 간단한 공포형태로 주간에는 통상 소로받침이며, 해인사 장경판고의 수다라전, 동묘 정전, 비원 능허정, 강릉 해운정, 해인사 수다라장전, 옥산서원 독락당, 경주 관가정, 무첨당, 서울종묘 영녕전(정전2익공), 청평사 회전문, 서울 동묘정전, 정읍피향정, 덕수궁 함령전, 석어당 등이 있다.
- 일출목 초익공 : 특이한 경우로서 보의 뺄목이 출목지점을 넘어서 진행, 서울사직단 정문이 있고 유사한 주심포계로는 전주향교 대성전이 있다.

② 이익공

이익공은 초익공위에 제공이 하나 더 추가되는 형태이고 그 제공위에는 재주두가 올라가서 보다 넓게 보의 숭어턱을 받는다. 주간에는 이익공이 좀 더 의장적임을 감안하면 각종화반이 가능하다. 상하 쇠서의 문양에 따라 양수서형, 양앙서형(오죽헌, 서울문묘 명륜당), 양물익공형, 하앙상수서형 등으로 구분된다.

- 이익공 : 강릉오죽헌, 서울문묘 명륜당(중당이익공, 양협실초익공), 안동 충효당, 안동 임청각, 경복궁 경회루, 향원정, 수원 화서문, 창경궁 통명전, 서울 창의문, 창덕궁 대조전, 희정전, 승화루 등이 있다.
- 1출목 2익공

  중기 : 종묘정전(삼소로화반), 서울사직단 정문, 남원 광한루, 봉정사 고금당, 강릉 오죽헌, 서울문묘 존경각

  후기 : 밀양 영남루

③ 삼익공

- 기능은 일출목이나 장식은 삼익공으로 기능보다 장식이 과다하 할 수 있고 조선후기에 출현한다.
- 이출목 삼익공 : 특이형으로 전주 풍남문이 있고 조선후기에 출현하며 장식성이 강조 된다.

(2) 출목의 유무

① 무출목

② 일출목

③ 이출목

(3) 제공의 문양

① 수서

② 앙서

③ 물익공 : 해인사 법보전, 안동 양진당, 도산서원 전교당

■ 요약

(1) 간략한 공법의 과감한 채택(주심포)과 적적한 장식성(다포)과의 조화

① 중/종도리나 종보받침은 간소화 : 정형기에는 동자주, 대공, 이는 천장가설(마감공정 별도존재)과도 상관

② 제공및 첨차의 갯수는 1출목 2익공을 중심으로 출목없이 문양있는 초익공만으로도 출목이 있더라도 2출목은 넘지 않으며 내부에는 출목을 두지 아니 한다.
- 익공계후기 조선후기가 되면 그 장식성이 강조되어 용두,연봉,연화등이 조각되고 더욱 화려해진다.

(2) 초익공에서의 기능과 진보와 의장상 발전

종전의 헛첨차가 가지는 공포의 편심하중방지, 주두의 이동방지(주두와 물리는 경우일때), 보의 전단력보강을 위한 보아지기능이, 소로가 사라지고 간극 없이 보와 직접 접촉되어 표면적이 넓어지므로 해서 그 기능이 진보하였으되 그 문양(쇠서형)과 초각(파련문, 쇠서안쪽 연결되는 일체화)은 더욱 세련되어 발전한다.

(3) 축부에서부터 옥개부까지 순차적으로 살펴서 기둥, 창방과 평방, 주간받침, 주두/소로, 첨차(도리방향)/쇠서(보방향), 각종초방/솟을합장/보단면/보머리, 출목, 종보류의 받침부재, 기타사항에 따라

① 기둥 : 주로 민흘림

② 평방은 없고 창방은 있되 주심포보다는 큰 규격으로 다포의 창방과 같은 내력기능을 일부 수행가능

③ 주두/소로 : 굽받침없이 평굽의 주두와 소로, 후대양식임으로 인해 굽높이는 낮은 편

④ 주간받침 : 창방과 장여사이에는 비교적 간단한 소로, 화반, 운공받침

⑤ 첨차 : 규격은 통상 3~4치폭/7치~1자2치(이익공에서의 초익공)/2치소로굽 높이, 대소두공의 구분이 있으며(출목익공인 경우, 풍납문의 경우 4가지 크기) 두공의 모양은 사절하고 밑면과 옆면까지고 초각하며 공안은 통상 없으며, 트인구조보다는 통구조가 빈번하다.

⑥ 쇠서 : 문양은 수서,앙서,물익공의 3가지 형태가 한 공포에는 썩이기도 하며(물익공은 아님) 뒤는 보아지형으로 소로받침이 없으며 제공들이 단일 조각선을 이루며 위아래 제공은 간극없이 접합하며 따라서 공안은 없다.

⑦ 출목은 무출목에서 2출목까지인데 내부에는 없다.

⑧ 각종초방/솟을합장/보단면 : 목구조건축의 古식에서 보여지는 이러한 특성은 익공계가 보다 후대의 양식임으로 해서 초기에 보여지다가 익공형의 정형기에는 초방류나 솟을합장류는 사라지며 보단면은 방형이 되고 보머리는 고식에서 탈피

⑨ 받침부재 : 초기에는 포대공, 포동자주, 각종 화반등이 있지만 정형화 되어가면서 동자기둥 대공 등으로 간략화 되어간다.

⑩ 기타상항 : 대개 창방은 헛첨차화 된다.

■ 초익공 건축물 실례

(1) 불교건축

(전등사(강화) 대조루)

(개암사(부안) 정중당)

(도피안사(철원) 천왕문)

(증심사(광주) 오백전)

(해인사(합천) 수다라전)

(청평사(춘천) 회전문)

(남지장사(달성) 삼성각)

(수종사(남양주) 불이문)

(동림사(김해) 점득당)

(낙산사(강릉) 해우당)

(2) 유교건축

(수원향교(수원) 대성전)

(광주향교(경기 광주) 대성전)

(서산향교(서산) 대성전)

(창평향교(담양) 명륜당)

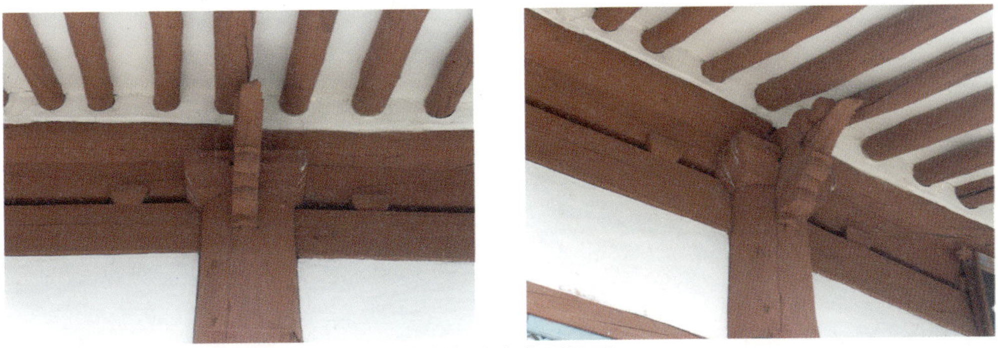

(광양향교(광양) 명륜당)

(담양향교(담양) 명륜당)

(필암서원(장성) 강당)

(옥산서원(경주) 무변루)

(사충서원(하남) 사당)

(내산서원(영광) 사당)

(3) 기타건축

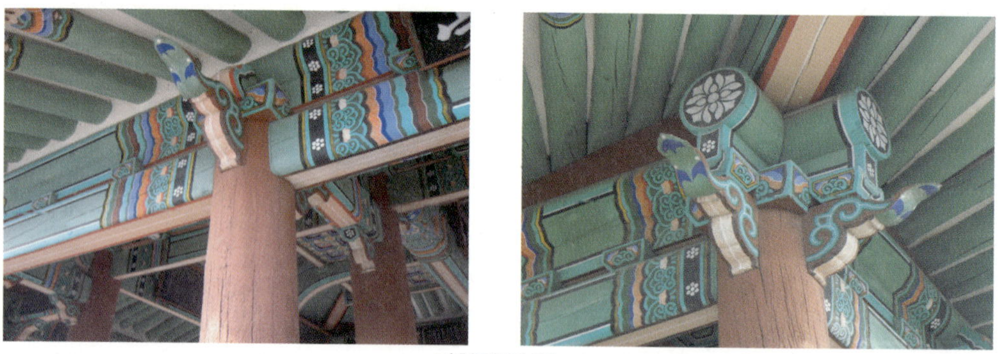

피향정(정읍)

(창경궁(서울) 양화당)

독락당(경주)

(양동마을(경주) 향단 사랑채)

(양동마을(경주) 낙선당)

태고정(달성)

(관가정(경주) 사랑채)

(무첨당(경주) 사랑채)

(덕수궁(서울) 석어당)

(종묘(서울) 정전)

■ 2익공 건축물 실례

(1) 불교건축

(백련사(강진) 명부전)

(고운사(의성) 연수전)

(기림사(경주) 진남루)

(화엄사(구례) 영전)

(운문사(청도) 만세루)

(옥천사(고성) 자방루)

(내소사(부안) 설선당)

(불갑사(영광) 일광당)

(송광사(순천) 상사당)

(선암사(순천) 만세루)

(2) 유교건축

(종묘(서울) 영녕전)

(자계서원(청도) 사당)

(영주향교(영주) 대성전)

(평택향교(평택) 대성전)

(나주향교(나주) 대성전)

(파산서원(파주) 사당)

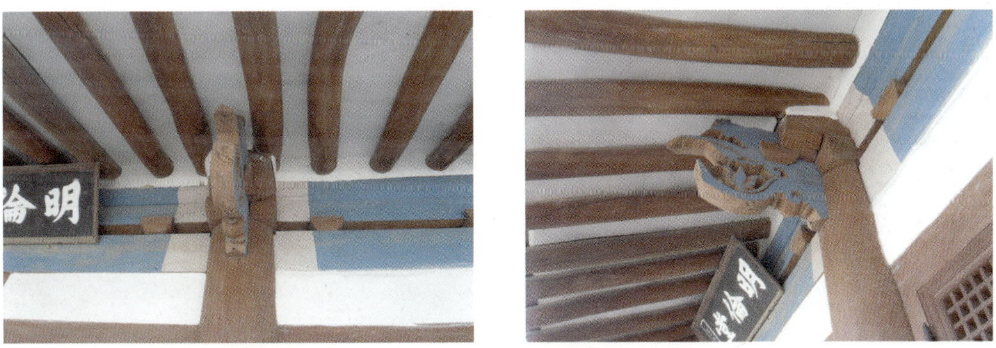

(강진향교(강진) 명륜당)

(나주향교(나주) 명륜당)

(창계서원(나주) 사당)

(임고서원(영천) 영광루)

(3) 기타건축

오죽헌(강릉)

태인동헌(정읍)

세병관(통영)

(창경궁(서울) 통명전)

김제동헌(김제)

광한루(남원)

경포대(강릉)

(경상감영(대구) 선화당)

(창덕궁(서울) 대조전)

(창덕궁(서울) 희정당)

■ 3익공 건축물 실례

(1) 불교건축

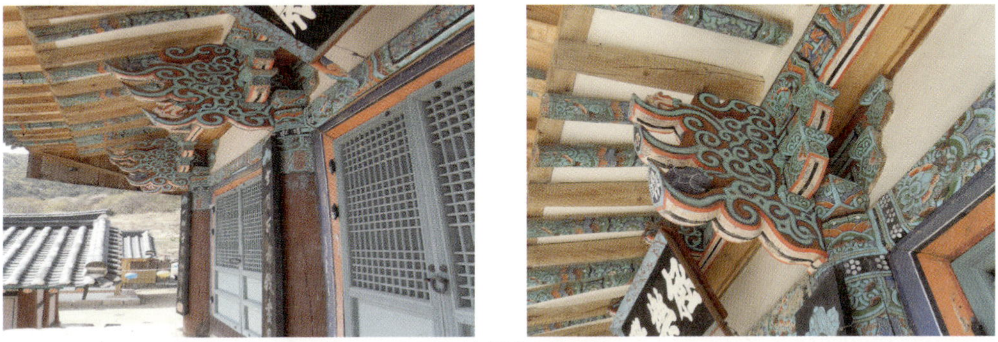

(부귀사(영천) 극락전)

(부석사(영주) 삼성각)

(대흥사(해남) 적묵당)

(분황사(경주) 보광전)

(2) 유교건축

(광주향교(광주) 대성전)

(해남향교(해남) 대성전)

(임피향교(군산) 대성전)

(장성향교(장성) 대성전)

(정읍향교(정읍) 대성전)

(태인향교(정읍) 대성전)

(연일향교(포항) 대성전)

(인동향교(구미) 대성전)

(의흥향교(의성) 대성전)

(산청향교(산청) 대성전)

(3) 기타건축

칠사당(강릉)

3-6. 하앙식

■ 형식

다포형식 중에서 특수한 예가 완주 화암사 극락전의 〈하앙식(下昻式)〉이다. 하앙식이란 하앙이라고 부르는 도리 바로 밑에 있는 살미부재가 서까래와 같은 경사를 가지고 처마도리와 중도리를 지렛대 형식으로 받고 있는 공포형식을 말한다. 하앙형식의 공포로 한국에서의 유일한 실례는 완주 화암사가 있다.

■ 특징

지렛대의 원리를 이용하여 지붕서까래와 도리 밑에서 건물 안으로부터 밖을 길게 뻗어 나와 처마 를 받쳐주는데 사용 되었다.

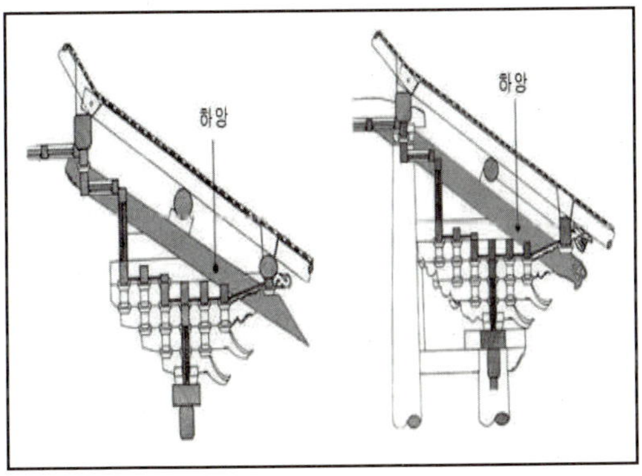

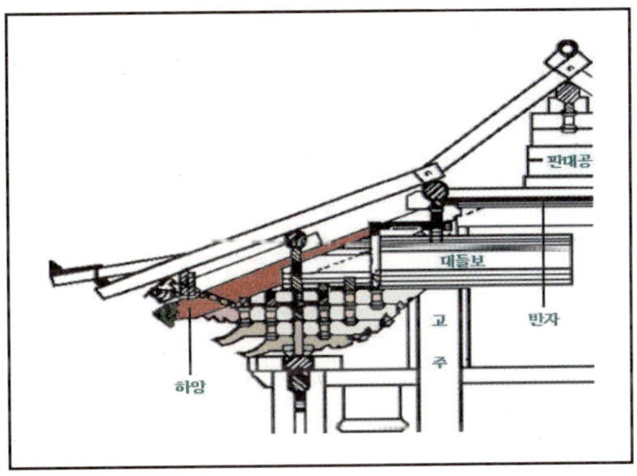

■ 건축물 실례

(화암사(완주) 극락전)

4. 기둥

4-1. 개요

기둥은 구조적으로 상부의 하중을 받아 지면에 전달하는 중요한 부재이다. 원주(圓柱)와 방주(方柱)가 있다. 도리기둥이라고도 부르는 원주는 본래 살림집에서는 사용하지 못하도록 법으로 정해왔는데 조선후기로 갈수록 잘 지켜지지 않았다. 한편 원형기둥은 입면형식에 따라 원통형기둥, 배흘림기둥, 민흘림기둥으로 분류되는데 한옥에서는 하부부터 상부까지 거의 같은 크기의 원통형기둥이 주로 사용되었다. 배흘림기둥은 기둥 중간에서 약간 아래쪽부분을 제일 굵게 하고 위로 갈수록 얇게 한 기둥인데 이러한 기둥을 시각적으로 안정되게 보인다. 한옥에서는 잘 보이지 않고 규모가 큰 정전 등에서 주로 보인다. 강릉 객사문, 부석사 무량수전, 수덕사 대웅전 등에서 아주 우수한 배흘림 기둥을 볼 수 있다. 민흘림 기둥은 아래에서 위로 갈수록 얇아지는 기둥이다.

4-2. 기둥양식

기둥을 단면형태로 구분하여 보면 원기둥과 각기둥이 있고 위치에 따라 구분하면 건물의 외곽에는 외진주가, 내부에는 내진주가 있다.

■ 단면형태(기둥깎는 기법)에 따른 분류

(1) 원(圓)기둥

① 원통기둥

기둥머리, 기둥몸, 기둥뿌리의 크기가 똑같은 기둥으로 송광사 국사전, 내소사 대웅보전 등이 있다.

(해인사(합천) 대적광전)

(흥국사(여수) 원통전)

(송광사(순천) 국사전)

(봉은사(서울) 선불당)

(김제향교(김제) 명륜당)

(여주향교(여주) 명륜당)

(고산서원(장성) 사당)

(내산서원(영광) 강당)

세병관(통영)

칠사당(강릉)

② 민흘림기둥

기둥머리보다 기둥뿌리의 지름을 크게 하는 것은 안정감을 주는 데 도움이 되지만 구조적 효과보다는 시각적인 효과가 더 크다. 민흘림기둥은 둥근기둥에 많이 사용한다. 건축물로는 개암사 대웅전, 쌍봉사 대웅전, 해인사 응진전, 화엄사 각황전, 수원 장안문, 서울 남대문 등이 있다.

(개암사(부안) 대웅전)

(대흥사(해남) 천불전)

(무량사(부여) 대웅전)

(송광사(순천) 승보전)

(보림사(장흥) 대적광전)

(고운사(의성) 연수전)

(화엄사(구례) 각황전)

(단성향교(산청) 명륜당)

(화성(수원) 장안문)

진남관(여수)

③ 배흘림 기둥

기둥 높이의 3분의 1 지점이 제일 굵고 위는 아래보다 더 가는 기둥이다. 배흘림 기둥은 구조상의 안정과 착시현상을 교정하기 위한 심미적인 착상에서 나온 수법으로 서양건축의 엔타시스와 같은 것이다. 배흘림 기둥은 그리스의 신전 건축에서도 발견할 수 있으며, 중국이나 일본의 건축에서도 고대에는 흔히 사용하였다. 그러나 배흘림기둥을 꾸준히 사용해 온 것은 한국 건축물이다. 한국에서는 고구려의 고분 벽화에 이미 기둥의 배흘림이 뚜렷이 나타나며 고려시대의 대표적 건물인 부석사 무량수전을 비롯하여 조선시대의 많은 건물, 즉 무위사 극락전, 화엄사 대웅전, 봉정사 극락전과 대웅전, 해인사 대장경 판고, 은해사 거조암 영산전 등이 있다.

(부석사(영주) 무량수전)

(무위사(강진) 극락전)

(부석사(영주) 조사당)

(봉정사(안동) 대웅전)

(봉정사(안동) 극락전)

(기림사(경주) 응진전)

(개태사(논산) 용화대보궁)

(은해사 거조암(영천) 영산전)

(강릉향교(강릉) 대성전)

객사문(강릉)

④ 원주형기둥

(용문사(양평) 일주문)

(수덕사(예산) 산문)

(위봉사(완주) 봉서루)

(수덕사(예산) 일주문)

(보문사(강화) 일주문)

(현등사(가평) 일주문)

(성불사(천안) 일주문)

(도리사(구미) 산문)

(도리사(구미) 적멸보궁)

(명봉사(예천) 일주문)

⑤ 도랑주

기둥 중에는 원목을 대략 껍질만 벗겨 거칠게 다듬은 자연목에 가까운 기둥이 있는데 이는 두리기둥의 일종으로 도랑주라고도 한다. 이러한 기둥은 조선후기 자연주의 사상에 힘입어 살림집과 사찰 등지에서 많이 사용되었다.

(은하사(김해) 범종루)

(개심사(서산) 심검당)

(청룡사(안성) 대웅전)

(묘적사(남양주) 마하선원)

(김룡사(문경) 고방)

(화엄사 구층암(구례) 요사)

(내장사(정읍) 일주문)

(장경사(광주) 일주문)

(실상사(남원) 보광전)

(개운사(서울) 일주문)

⑥ 석주

(개암사(부안) 일주문)

(등명낙가사(강릉) 일주문)

(불굴사(경산) 일주문)

(환성사(경산) 일주문)

(봉선사(남양주) 일주문)

(개운사(서울) 범종루)

(봉은사(서울) 진여문)

(봉은사(서울) 미륵전)

(용주사(화성) 천보루)

(덕수궁(서울) 석조전)

(2) 각(角)기둥

① 4각주

일반주택이나 장식이 덜한 건축물에 사용되며, 건축물로는 정림사지탑, 익산 미륵사지 탑, 경회루 등이 있다.

(장경사(광주) 대방)

(남지장사(달성) 솔향원)

(일봉사(의령) 무량수전)

(도산서원(안동) 서재)

(남양향교(화성) 동재)

(필암서원(장성) 서재)

(돈암서원(논산) 강당)

(도남서원(상주) 동재)

(경복궁(서울) 경회루)

직산현관아(천안)

② 6각주(六角柱)

건축물 평면이 6각인 정자 건축물에 사용되며 건축물로는 경복궁 향원정 등이 있다.

(경복궁(서울) 향원정)

③ 8각주(八角柱)

장식이 많은 건축물에 사용되며 건축물로는 쌍용총 8각석주, 석굴암 8각석주 등이 있다.

(환성사(경산) 일주문)

(부석사(영주) 무량수전)

(금산사(김제) 보제루)

(심원사(철원) 보제루)

(법흥사(영월) 종각)

(불회사(나주) 일주문)

(경복궁(서울) 팔우정)

(창덕궁(서울) 부용정)

(양지향교(용인) 대성전)

(몽심재(남원) 사랑채)

■ 위치에 따른 분류

모서리에 있는 기둥은 귓기둥(모서리 기둥) 또는 통칭 우주라고 부른다. 공간의 위치에 따른 명칭으로 안두리 기둥(내진주)과 변두리 기둥(외진주)이 있다. 그 외에 처마기둥, 면기둥, 회첨기둥, 툇기둥, 수장 기둥 등이 있다.

(1) 외진주(外陳柱)(바깥기둥: 평주(평기둥)와 우주(귀기둥))

소규모의 구조물에 사용

(선운사(고창) 만세루)

(운문사(청도) 만세루)

(표충사(밀양) 우화루)

(고운사(의성) 가운루)

광한루(남원)

영남루(밀양)

기성관(거제)

세병관(통영)

진남관(여수)

(화성(수원) 동장대)

(2) 내진주(內陳柱)(안기둥: 고주, 단주, 실심주)

고주는 대부부의 구조물에 사용되며 중층건축물에 사용되는 단주와 다층건축물과 목조탑파형식에 사용되는 실심주가 있다.

(보림사(장흥) 대웅보전)

(불갑사(영광) 대웅전)

(표충사(밀양) 우화루)

(송광사(순천) 대웅보전)

(선운사(고창) 만세루)

밀양루(영남)

진남관(여수)

기성관(거제)

김제동헌(김제)

세병관(통영)

(3) 동자주(童子柱)

(화엄사(구례) 보제루)

(송광사(순천) 사자루)

(흥국사(여수) 봉황루)

(불갑사(영광) 만세루)

(상주향교(상주) 남루)

(단성향교(산청) 명륜당)

(양동마을(경주) 관가정)

(운조루(구례) 사랑채)

(양동마을(경주) 서백당 사랑채)

(몽심재(남원) 사랑채)

■ 높이에 따른 분류 : 평주, 고주, 활주

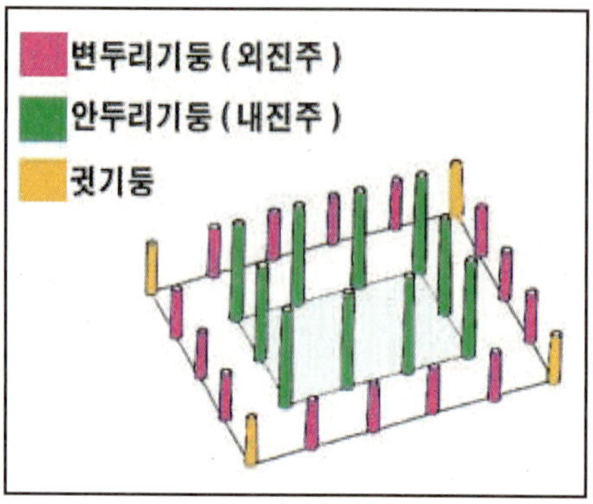

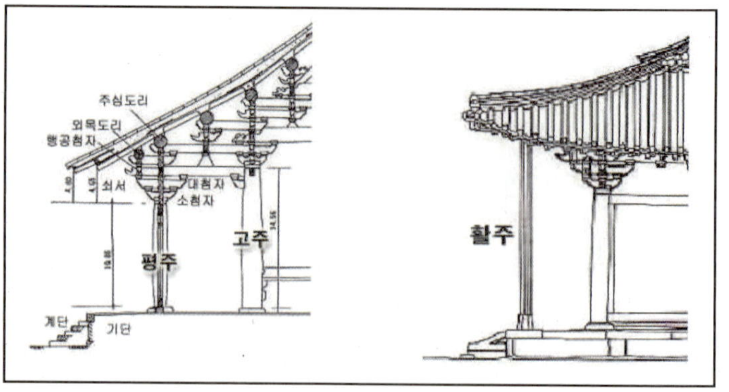

(1) 평주 : 기둥이 한 층 높이로 된 것.

(2) 고주 : 고주는 한 층에서 일반 높이의 기둥(평기둥)보다 높아 동자주를 겸하는 기둥.

(통도사(양산) 영산전)

(해인사(합천) 대적광전)

(화엄사(구례) 각황전)

(금산사(김제) 미륵전)

(대흥사(해남) 대웅보전)

(도갑사(영암) 대웅보전)

(수타사(홍천) 홍회루)

(무위사(부여) 극락전)

(나주객사(나주) 금성관)

세병관(통영)

(3) 할주 : 추녀뿌리를 받친 기둥으로 단면은 원형 또는 팔각형이 많다.

(청곡사(진주) 대웅전)

(통도사(양산) 대웅전)

(금산사(김제) 대장전)

(부석사(영주) 무량수전)

(백련사(강진) 대웅보전)

(백양사(장성) 대웅전)

(보림사(장흥) 대웅보전)

(송광사(순천) 상사당)

(자인향교(경산) 모성루)

(경주향교(경주) 대성전)

4-3. 조형 의장 기법

■ 안쏠림

오금법이라고도 하며 기둥머리를 건물안쪽으로 약간씩 기울려 주는 것을 말한다. 이것은 모서리 기둥이 건물 바깥쪽으로 기울어져 보이는 착시현상을 교정하기 위한 우리 조상의 지혜이다.

■ 귀솟음

건물을 입면상에서 바라볼 때 기둥의 높이가 가운데 기둥이 제일 낮고 양쪽 추녀 쪽으로 갈수록 약간씩 높게 함으로서 지붕 양쪽 모서리의 추녀부분을 중앙보다 치솟게하여 처마곡선과 용마루선을 연출하는 기법이다.

■ 배흘림

평행한 수직선의 중앙부가 가늘어 보이는 착시현상을 교정하기 위하여 기둥 중앙부의 지름을 약간 크게한 기법이다. 부석사 무량수전, 봉정사 극락전, 강릉 객사문 등에 잘 나타나 있다.

5. 보

기둥이나 공포위에 얹혀져 내부 공간을 만들기 위한 여러 부재의 총칭으로 량, 도리, 대공 등이 기본 부재로 되어 있다. 앞뒤 기둥의 상부에 걸리는 수평부재로 목조건축에서 제일 굵기가 큰(단면상) 부재이다. 보는 천장을 하지 않는 대청에서 제일 잘 보인다. 보는 가구형식에 따라 대들보(大樑), 중종보(中宗樑), 종보(宗樑), 퇴보(退樑), 우미량, 맞보 등 여러 종류가 있는데 보통 규모의 한옥에서는 주로 대들보와 종보, 그리고 퇴보 정도만 사용되었다. 보의 단면 형식은 폭보다는 높이가 높은 방형의 보가 주로 쓰였고 직선 보다는 자연스럽게 휜 부재를 많이 썼다. 가구의 최상부에 횡으로 걸리는 부재로 서까래가 바로 이 위에 놓인다. 도리는 놓이는 위치에 따라 주심도리(기둥위에 놓인 도리), 종도리(제일 높은 곳인 용마루 부분에 놓인 도리), 중도리 등으로 구분된다. 또한 단면형식에 따라 굴도리(원형)와 납도리(방형)로 구분되는데 납도리는 서민의 살림집에서 주로 썼고 굴도리는 양반집의 사랑채 등 일부에서만 사용됐다.

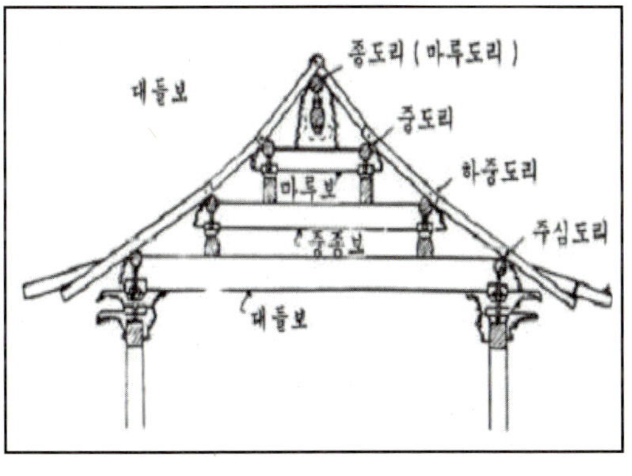

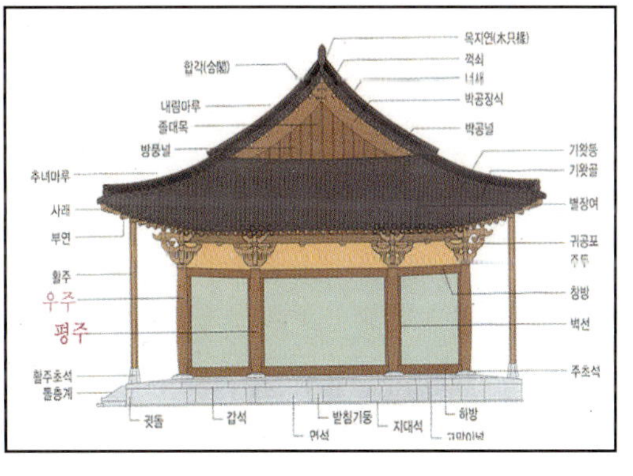

5-1. 보

지붕의 하중을 기둥에 연결 해주는 중요한 역할을 하며 건물 내부에서 가장 큰 목재를 사용하는 것이 일반적이다.

■ 대들보

전후면의 평주 사이에 걸쳐지는 보.

(도갑사(영암) 해탈문)

(선운사(고창) 만세루)

(옥천사(고성) 자방루)

(덕천서원(산청) 강당)

(흥암서원(상주) 강당)

(예림서원(밀양) 강당)

(신령향교(신령) 명륜당)

(김제향교(김제) 명륜당)

낙안객사(순천)

함백루(합천)

■ 중종보(中宗樑)

대들보와 종 보 사이에 설치되는 보.

(수덕사(예산) 대웅전)

(봉은사(서울) 법왕루)

(도피안사(철원) 대적광전)

(봉정사(안동) 극락전)

(흥국사(남양주) 반산암)

(갑사(공주) 강당)

세병관(통영)

낙안동헌(순천)

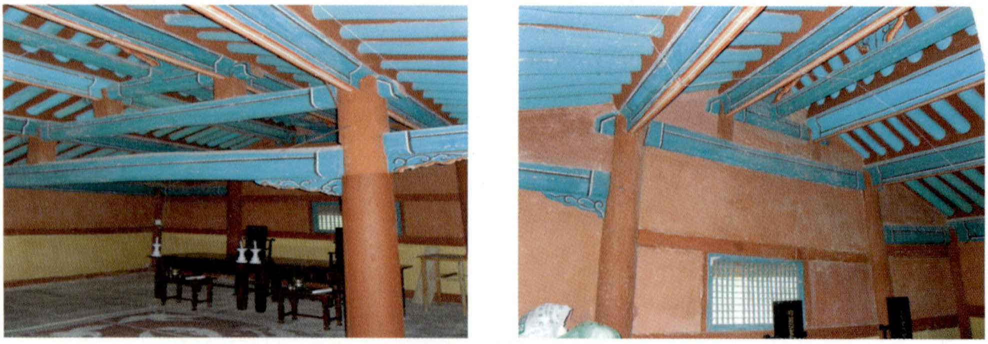

(여주향교(여주) 대성전)

진남관(여수)

■ 종보(宗樑)

보중에서 가장 위에 놓인 종대공을 받고 그 양끝을 중도리와 결구해서 서까래 하중을 받는다.

(부석사(영주) 범종루)

(봉정사(안동) 만세루)

(안성향교(안성) 명륜당)

(경주향교(경주) 명륜당)

(전주향교(전주) 명륜당)

선산객사(구미)

(양동마을(경주) 향단)

객사문(강릉)

동춘당(대전)

(수덕사(예산) 황하정루)

■ 퇴보(退樑)

1고주5량 집인 경우에는 대량과 같은 높이로 퇴칸에서 고주와 평주를 잇는 짧은 보가 걸리는데 이를 퇴보(退樑)라고 한다.

(마곡사(공주) 영산전)

(은해사 거조암(영천) 영산전)

(봉화향교(봉화) 대성전)

(수도리마을(영주) 김부병가옥)

(장흥향교(장흥) 대성전)

(덕천서원(산청) 서재)

(병산서원(안동) 동재)

(전주객사(전주) 익사)

선산객사(구미)

직산현관아(천안)

5-2. 퇴량(退樑),충량(衝樑),우미량(牛尾樑)

■ 퇴량

대들보보다 1단 낮게 걸리는 것이 보통이며 고주가 있을 경우나 퇴칸이 달릴 때에 사용되는 보의 한가지이다. 퇴량이 걸리는 데는 몇 가지 방법이 있다. 퇴량이 평기둥의 머리에 얹혀 수평으로 고주의 몸에 끼는 방식이 있고, 고주머리에서 평기둥 위에 실린 공포와 결구되는 방법이 있다.

세병관(통영)

태인동헌(정읍)

기성관(거제)

영남루(밀양)

낙안객사(순천)

나주객사(나주)

(홍기헌가옥(나주) 사랑채)

안성객사(안성)

(홍기응가옥(나주) 안채)

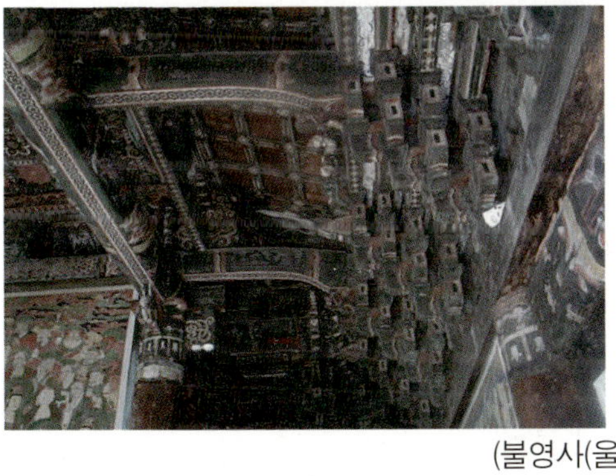

(불영사(울진) 대웅보전)

■ 충량

맞배집이나 사모집 등에서는 볼 수 없고 팔작, 우진각지붕에 도리칸 2칸 이상의 가구에서만 보인다. 보의 대부분은 대들보에 평행되도록 걸리는데 이 보만은 대들보의 직각 방향으로 놓인다. 부위는 퇴량과 같으나 결구가 측면 평기둥과 대들보 사이여서 퇴량과 는 다르다. 퇴량머리가 대들보 위에 얹히는 양식에서 그 끝의 처리는 조선조 중기 이후로는 용머리로 조각되기도 한다.

(불회사(나주) 대웅전)

(부석사(영주) 범종루)

(개암사(부안) 대웅보전)

(내소사(부안) 대웅보전)

(선암사(순천) 대웅전)

(의령향교(의령) 동재)

(기장향교(부산) 풍화루)

진남관(여수)

호연정(합천)

함백루(합천)

■ 우미량

우미량은 조선초까지 주심포양식의 건물에서 주로 나타나는 것으로 다포양식이나 익공식에서는 나타나지 않는 것으로 알려져 있다. 일반적인 목조건축의 부재는 직선부재이지만 우미량은 곡선부재로 소꼬리처럼 생겼다하여 붙여졌다. 보처럼 기둥과 기둥을 연결하는 것이 아니라 우미량은 크기도 작으며 상하의 도리 즉 위에 있는 도리에서 아래있는 도리를 연결하는 부재이다. 우미량으로 유명한 건축물로는 수덕사 대웅전(양쪽에 3개씩 6개의 우미량), 등이 있다.

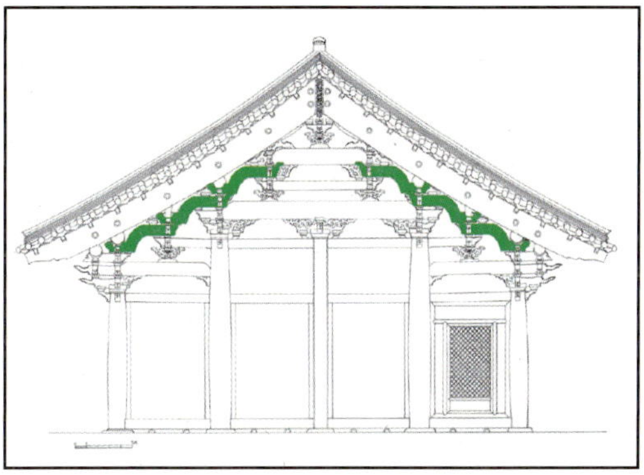

(도갑사(영암) 해탈문)

(도피안사(철원) 대적광전)

(수덕사(예산) 대웅전)

(수덕사(예산) 황하정루)

(무위사(강진) 천왕문)

(불갑사(영광) 금강문)

(불국사(경주) 자하문)

(환성사(경산) 수월관)

영남루(밀양)

(윤두서가옥(해남) 안채)

5-3. 대공

종보 위에 놓이거나 보와 결구되어 도리를 받치는 수직구조로 위치에 따라 중대공, 종대공으로 나뉘며 형태는 파련대공, 화반대공, 포대공, 화반 대공, 8각대공 등이 있으며 화반대공과 포대공은 주심포계에 다포계에서는 포대공과 파연대공이 많이 쓰인다. 일반적으로 대공의 종류에는 동자대공, 접시대공, 포대공, 소슬대공(인자대공), 판대공(앙련, 파련, 키대공, 목침대공 포함), 화반대공 등이 있다.

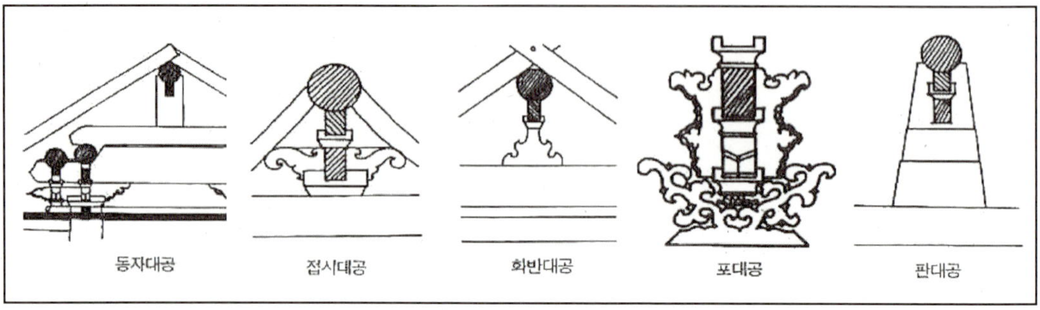

■ 동자대공

동자대공은 대들보나 종보 위에 놓여 중도리나 상중도리를 받는 것이 일반적이다. 동자주 모양의 각재(角材)로서 대공 중에서 가장 간단하고 시공이 용이하며 모양이 단조롭기 때문에 천장을 가설해 가리는 경우에 많이 쓰인다. 현존하는 고려시대 다포형식 건물 중 하나인 북한의 심원사 보광전에서 그 예를 볼 수 있다.

(해인사(합천) 봉황문)

(봉정사(안동) 공덕당)

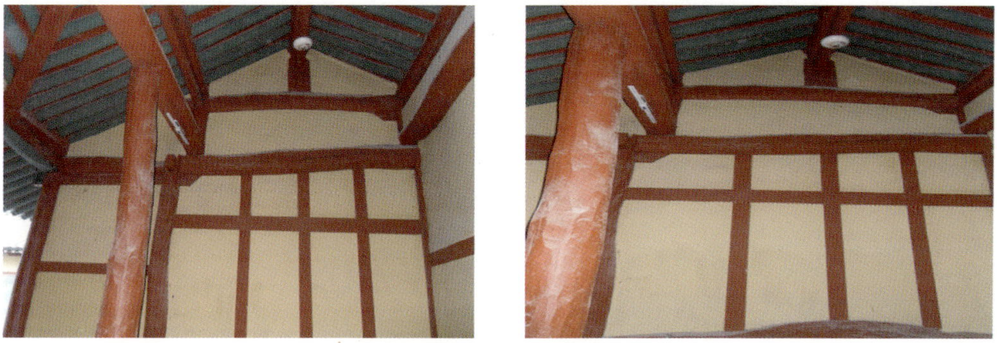

(대흥사(해남) 백설당)

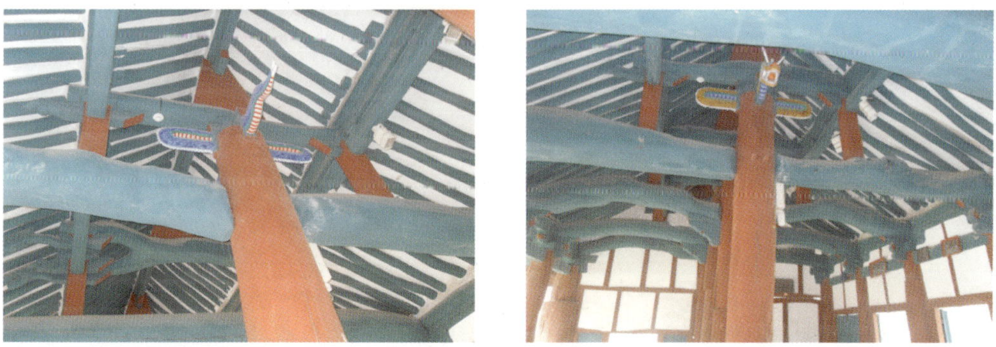

(선운사(고창) 만세루)

(옥천사(고성) 자방루)

(태인향교(정읍) 만화루)

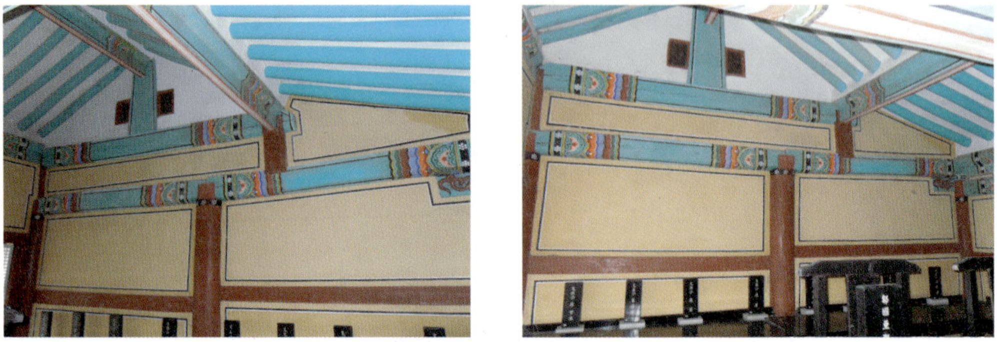

(홍천향교(홍천) 대성전)

(신령향교(신령) 동재)

(옥산서원(경주) 독락당)

(괴시리마을(영덕) 경주댁)

■ 접시대공

접시대공은 종보 위에 접시받침을 놓고 그 위에 뜬창방, 초공 등을 짜고 받게 한 대공이다. 판재를 층층이 쌓아올려 도리를 받도록 된 대공으로서 아래로부터 큰 부재를 써서 차차 위로 올라가면서 작아지는 형식도 있고, 반대로 위쪽으로 가면서 넓어지는 형식도 있다. 연등천장일 경우에는 토막으로 조각을 하여 치장하나 천장으로 가릴 때에는 토막나무를 그대로 사용하는 경우가 많다. 짜임에는 보 방향으로만 쌓는 것, 보와 도리의 방향 즉 십자형으로 쌓아 올리는 것의 2가지 형식이 있다.

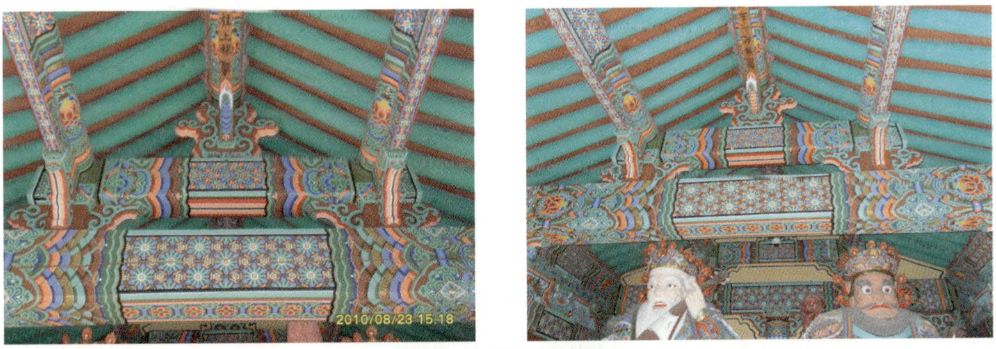

(위봉사(완주) 천왕문)

(부소산성(공주) 공북루)

(고운사(의성) 가운루)

(청평사(춘천) 관음전)

(청평사(춘천) 회전문)

(하회마을(안동) 양진당 사랑채)

예천권씨종택(예천) 사랑채)

■ 화반대공

화반대공은 초새김한 화반으로 이루어진 대공으로서 앙련대공(仰蓮臺工) · 파련대공(波蓮臺工) · 복화반(覆花盤) · 안초공(按草工) 등이 있다. 조선 중기 이후에는 앙련대공이 많이 쓰였고, 고려말 조선 초기의 건물에는 파련대공이 많다. 복화반은 드물어 현재 봉정사 극락전, 송광사 하사당에서 볼 수 있는 정도이고 신라시대의 석조물에 약간 남아 있을 뿐이다.

(개심사(서산) 대웅전)

(용화사(통영) 해월루)

(무위사(강진) 극락전)

(봉정사(안동) 화엄강당)

(춘천향교(춘천) 명륜당)

(장수향교(장수) 명륜당)

(양동마을(경주) 향단사랑채)

(양동마을(경주) 두곡고택 사랑채)

기성관(거제)

최씨고택(경주)

■ 포대공

포대공은 대공을 공포처럼 짠 것으로서 소로와 첨차를 이용해 대공을 만드는 것을 말한다. 그 짜임이 간단한 것부터 복잡한 것에 이르기까지 다양하다. 포대공은 일반적으로 중보의 받침에 사용하고 종대공에는 사용하지 않으며, 그 세부수법은 시대를 판별하는 중요한 근거가 된다. 부석사 조사당이나 수덕사 대웅전 등에 사용되었다.

(수덕사(예산) 대웅전)

(부석사(영주) 조사당)

(무위사(강진) 극락전)

(화암사(완주) 우화루)

(강릉 객사문)

(도갑사(영암) 해탈문)

(한밤마을(군위) 대청)

함백루(합천)

(경산향교(경산) 명륜당)

죽서루(합천)

■ 판대공

판대공은 판재를 사다리 형태로 여러 겹 겹쳐서 만든 대공으로 장식이 없다. 조선시대 팔작지붕의 일반민가에서 주로 사용되었다. 판대공을 초각하여 화려하게 장식한 것이 파련대공 및 접시대공이다. 봉정사 극락전, 수덕사 대웅전, 성불사 극락전에서 그 예를 볼 수 있다. 대개의 경우 천장을 설치하지 않는 연등천장에서 대공이 노출되므로 장식적인 대공을 사용했다.

(1) 키대공 : 널재를 세워 댄 것.

(도갑사(영암) 국사전)

(선암사(순천) 진영당)

(산청향교(산청) 명륜당)

(부소산성(공주) 쌍수정)

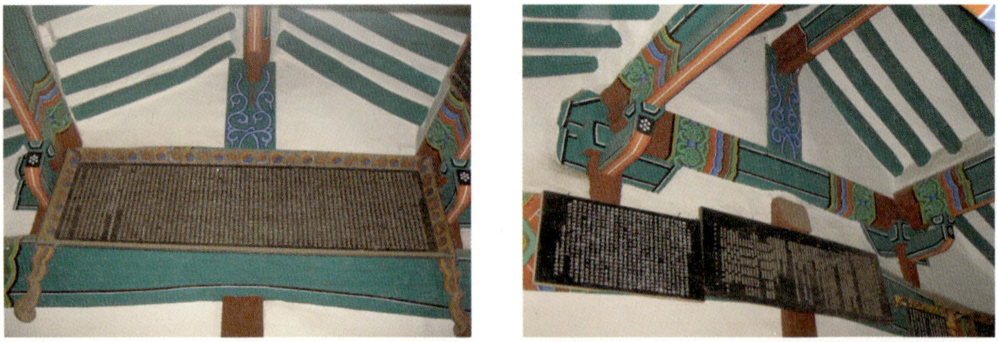

(공주향교(공주) 명륜당)

(양동마을(경주) 사호당고택 사랑채)

(양동마을(경주) 창은정사 안채)

(양동마을(경주) 향단 안채)

(화성(수원) 동일포루)

(부소산성(공주) 금서루)

(2) 목침대공 : 널쪽을 뚝뚝 잘라서 포개 놓은 것.

(양동마을(경주) 향단 사랑채)

(3) 파련대공 : 하나의 판재를 초엽무늬나 연봉, 구름모양으로 입체적으로 화려하게 초각장식.

(도갑사(영암) 삼성각)

(부석사(영주) 범종루)

(병산서원(안동) 만대루)

진남관(여수)

(춘천향교(춘천) 대성전)

(남평향교(나주) 대성전)

(성주향교(성주) 명륜당)

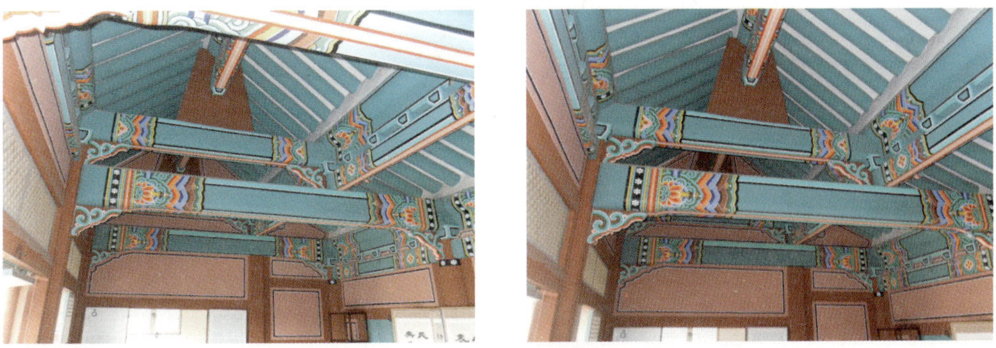

(인천도호부(인천) 동헌)

(김제동헌(김제) 내아)

(부여동헌(부여) 내아)

■ 소슬대공(인자대공)

〈人〉 자대공은 주로 고구려 유적에서 많이 보이는데 도리양쪽에서 〈人〉자 형태로 받치는 대공이다. 고구려 천왕지신총을 비롯한 많은 고분벽화에서 그 예가 보인다. 봉정사 극락전이니 수덕사 대웅전과 같이 대공이 따로 있고 보조적으로 人자형의 받침대를 두고 있는 경우 이것은 솟을합장이라고 부른다. 모양은 인자대공과 같으나 구분하기 위하여 솟을합장이라고 부른다. 소슬대공은 부석사 무량수전이 유일하다.

(부석사(영주) 무량수전)

맹씨행단(아산)

(통도사(양산) 불이문)

(봉정사(안동) 극락전)

5-4. 도리

가구의 최상단에 위치하여 서까래를 받치는 수평부재로 보와는 직각방향으로 놓인다. 도리는 놓이는 위치에 따라 외목도리, 주심도리, 내목도리, 하중도리, 중도리, 상중도리, 완도리 등으로 나눈다. 외목, 주심, 내목도리는 공포와 결구되고, 중도리와 상하중도리는 주심도리와 종도리의 중간에 위치하며, 종도리는 가구의 맨 위에 놓여 용마루를 받치는데 이 부분에 상량문이 기록되기도 한다. 도리의 숫자에 따라 3량집, 5량집, 7량집 등으로 나눈다.

■ 놓이는 위치

(1) 주심도리(기둥위에 놓인 도리)

(2) 종도리(제일 높은 곳인 용마루 부분에 놓인 도리)

(3) 중도리

■ 단면형식

(1) 굴도리(원형)

(수덕사(예산) 대웅전)

(무위사(강진) 극락전)

(부석사(영주) 응향각)

(은해사 거조암(영천) 영산전)

(관룡사(창녕) 약사전)

(보림사(함양) 미륵전)

(봉정사(안동) 고금당)

객사문(강릉)

(신령향교(신령) 명륜당)

(태인동헌(정읍) 외삼문)

(2) 납도리(방형)

(무위사(강진) 미륵전)

(송광사(순천) 척추각)

(병산서원(안동) 동재)

(묵계서원(안동) 동재)

(연일향교(포항) 동재)

(광주향교(광주) 동재)

(괴시리마을(영덕) 백재매고택)

(양동마을(경주) 낙선당 아래채)

(울산동헌(울산) 내아)

(화성(수원) 북서포루)

5-5. 소슬합장

전통목조건축에서 사용되는 소슬재로는 소슬합장, 소슬대공, 소슬화반 등이 있다. 소슬화반은 도리방향의 상하 부재 중간에 배치되는 화반의 형태 중 하나이고, 소슬대공과 소슬합장은 종보 위에 보 방향으로 배치되는 부재이다. 소슬합장은 부재상단이 종도리와 결구되는 모습이고, 소슬대공은 부재 상단이 종도리와 결구되지 않고 종도리 아래쪽 부재와 결구 되는 모습이다. 이러한 결구의 차이는 기능의 차이로도 볼 수 있는데, 소슬합장은 종도리의 위치 이탈을 막는 기능이 강하다는 것이고, 소슬대공은 대공에 작용하는 횡력에 대한 보강 기능이 강하다는 것으로 해석할 수 있다.

■ 종도리를 중심으로 소슬합장과 대공의 결구모습

(개목사 원통전)

(개심사 대웅전)

(도갑사 해탈문)

(무위사 극락전)

(부석사 조사당)

(수덕사 대웅전)

(은해사 거조암 영산전)

(환성사 심검당)

5-6. 평방(平枋), 창방

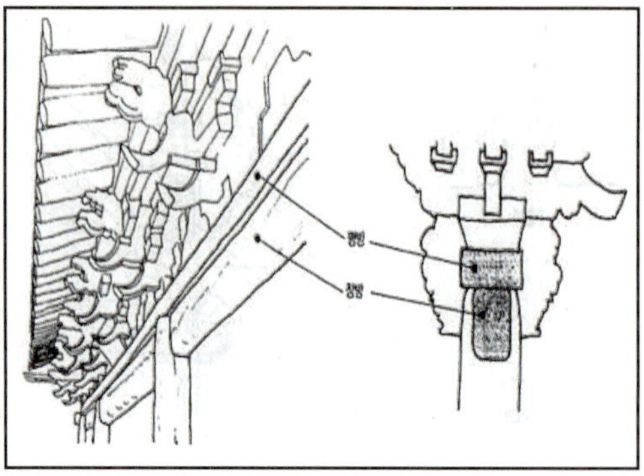

■ 평방

공포를 사용하는 전통건축물에는 주심포계, 다포계, 익공계로 분류할 수 있는데, 이 중 다포계 법식의 특징으로는 주상포 사이에 주간포를 갖춘 조밀한 공포열과 이들을 받치는 부재인 평방을 들 수 있다. 평방은 창방 위에 얹혀 공포를 받는 넓은 직사각형 단면의 장부재로서 춤보다 폭이 더 넓으며 창방과 마찬가지로 모서리에서는 머리가 기둥 밖으로 약간 튀어나오도록 하는데 이것을 평방뺄목이라고 한다. 평방은 폭이 넓기 때문에 주두가 잘 보이지 않아 다른 형식의 건물에 비해서는 주두의 굽이나 운두를 높게 만든다.

(무위사(강진) 명부전)

(불갑사(영광) 산문)

(불회사(나주) 대웅전)

(선암사(순천) 삼성각)

(송광사(순천) 영산전)

(성주향교(성주) 대성전)

(단성향교(산청) 명륜당)

(수도리마을(영주) 김부병가옥 사랑채)

(수도리마을(영주) 해우당고택 사랑채)

(하회마을(안동) 북촌댁 사랑채)

■ 창방

외진주를 한바퀴 돌아가면서 기둥머리를 연결하는 부재로 기둥과 기둥을 서로 연결하여 잡아매는 역할을 하며 기둥과 주먹장맞춤으로 연결하기 때문에 옆으로 빠지지 않는다. 다포형식의 경우 하중을 견디기 위해, 창방위에 평방이 하나 더 올라간다.

창방뺄목은 건물 모서리에서 창방머리가 기둥 밖으로 약간 튀어나오는 것을 말한다.

(무위사(강진) 극락전)

(백양사(장성) 극락보전)

(불갑사(영광) 만세루)

(위봉사(완주) 보광명전)

(선암사(순천) 팔상전)

(장수향교(장수) 대성전)

(기장향교(부산) 명륜당)

(군위향교(군위) 대성전)

(수도리마을(영주) 김부병 가옥)

(양동마을(경주) 향단 사랑채)

6. 지붕

지붕은 눈비가 실내로 들어오는 것을 막아주고 뜨거운 태양열을 차단시켜주는 역활을 한다. 한옥은 처마가 많이 빠져나가기 때문에 지붕이 대단히 크고 육중하다. 또 흙으로 구운 기와를 사용하기 때문에 실제로도 중량이 많이 나간다. 이러한 무게감을 없애주고 빗물의 신속한 배수를 위하여 처마의 앙곡과 안허리곡이 생겼지만 이러한 지붕의 곡선은 또한 지붕이 날렵하고 율동적으로 보이게 하여 무게감을 덜어주는 시각적인 역활을 한다. 지붕은 한옥의 전체 구성비례에서 상당히 큰 비중을 차지한다. 한편 지붕은 크고 육중하지만 용마루나 추녀 등의 곡선과 기와의 반듯한 선 등이 있어 한옥의 아름다움이 한층 더 드러나고 있다. 한편 한옥의 깊은 처마는 그늘을 만들어 여름철의 뜨거운 태양열을 차단해준다. 비가 올 때도 창문을 열수 있게 해주고 습기가 내부로 들어오는 것도 상당부분 막아준다.

6-1. 지붕가구

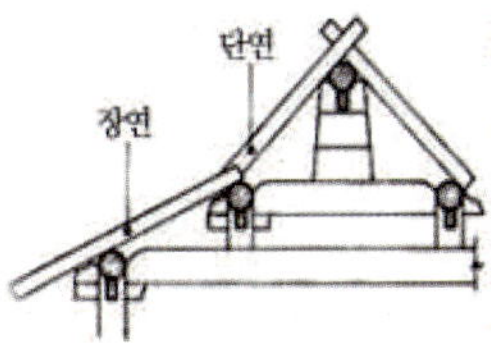

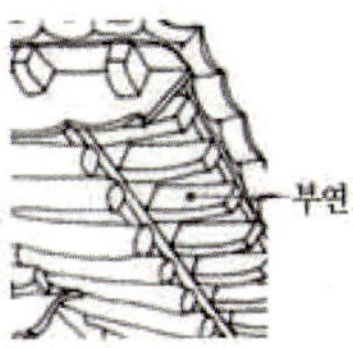

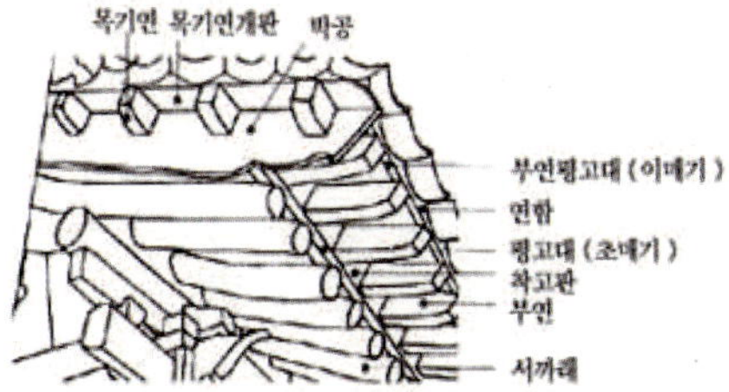

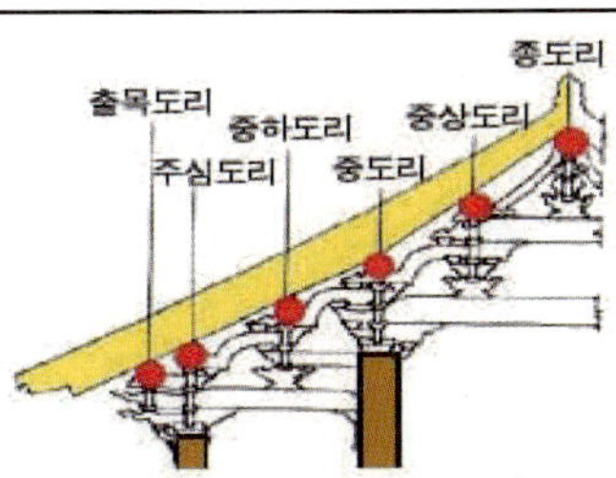

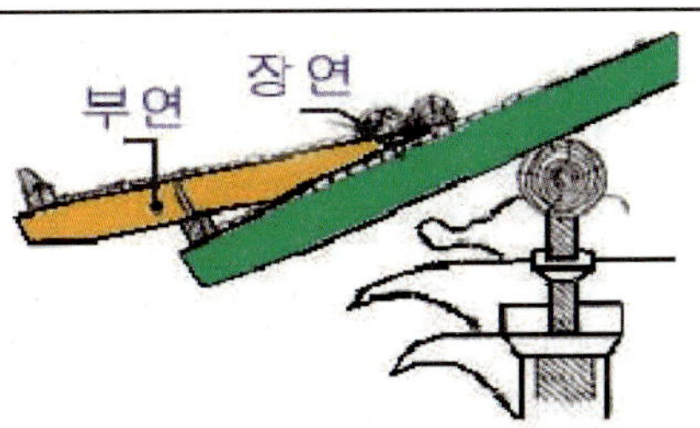

■ 장연과 단연

(1) 단연 : 종도리에서 중도리까지 짧은 서까래가 걸리는 부재.

(부석사(영주) 조사당)

(선운사(고창) 만세루)

(표충사(밀양) 우화루)

(강릉향교(강릉) 대성전)

(안성향교(안성) 명륜당)

(도산서원(안동) 강당)

(병산서원(안동) 강당)

(하회마을(안동) 양진당 사랑채)

부여동헌(부여)

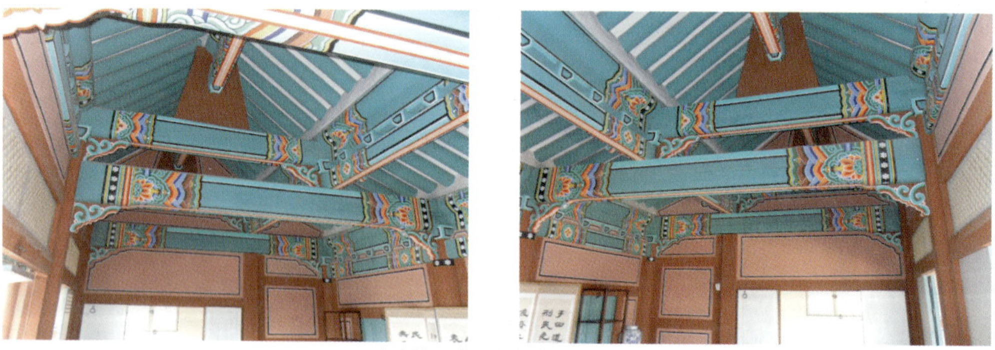

(인천도호부(인천) 동헌)

(2) 장연 : 중도리에서 주심도리에 걸리는 서까래는 처마의 깊이 때문에 매우 긴 서까래가 걸리는데 이를 장연이라고 부른다.

(운문사(청도) 만세루)

(옥천사(고성) 자방루)

(홍주향교(홍성) 명륜당)

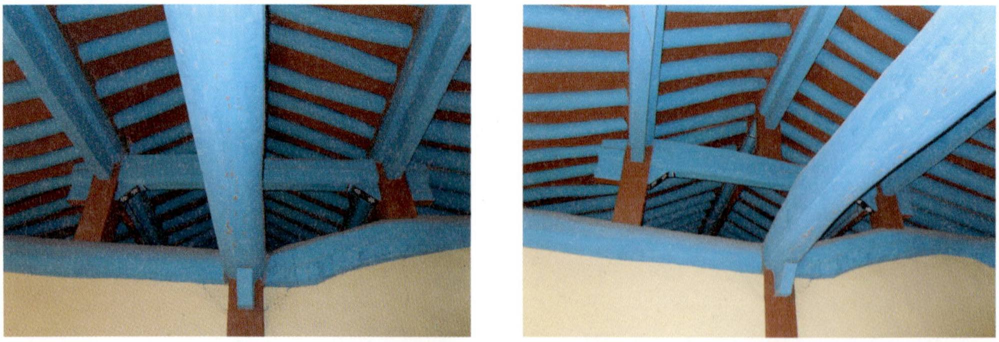
(보은향교(보은) 대성전)

(고산서원(안동) 강당)

(옥산서원(경주) 강당)

(양동마을(경주) 관가정 안채)

(만회고택(봉화) 안채)

(강화유수부(강화) 동헌)

(온온사(과천) 정청)

■ 도리 및 부연

(1) 도리

도리는 구조부재 중에서 가장 위에 놓이는 부재로 서까래를 받는다. 가구 구조를 표현하는 기준이 되며 도리의 높낮이에 따라 지붕물매가 결정된다. 지붕의 무게가 최초로 전해지는 곳이 도리이며 도리에 전해진 무게는 보와 기둥으로 전달된다.

(2) 부연

겹처마인 경우에는 서까래 끝에 짧은 서까래가 하나 더 올라가는데 이것을 부연이라고 한다.

(개암사(부안) 지장전)

(숭림사(익산) 우화루)

(은적사(군산) 지장전)

(석성향교(부여) 명륜당)

(연산향교(논산) 명륜당)

(단양향교(단양) 대성전)

(창덕궁(서울) 청향각)

(홍산객사(부여) 정청)

(운현궁(서울) 노락당)

태인동헌(정읍)

■ 박공과 풍판

(1) 박공 : 맞배지붕이나 팔작지붕의 합각부분에 〈ㅅ〉자 모양으로 걸린 판재이다.

단연을 걸면서 처리해야 하는 가장 중요한 과제는 합각의 설치이다. 팔작지붕의 측면에 생기는 삼각형의 벽을 합각이라 하는데 합각의 위치와 크기가 중요하다. 용마루 끝에 거는 종도리가 길수록 합각은 처마쪽에 가깝게 위치하며 합각의 크기는 커진다.

(해인사(합천) 대적광전)

(개암사(부안) 월성대)

(장곡사(청양) 설선당)

(백련사(강진) 대웅보전)

(신륵사(여주) 구룡루)

(병산서원(안동) 강당)

(봉은사(서울) 선불장)

(하회마을(안동) 북촌댁 안채)

(대정향교(제주) 대성전)

(고재선가옥(담양) 사랑채)

(2) 풍판 : 풍판이란 맞배지붕의 측면에서 박공 밑에 대는 비바람막이 판이다.

(실상사(남원) 명부전)

(파계사(대구) 지장전)

(선운사(고창) 대웅전)

(통도사(양산) 약사전)

(불갑사(영광) 일광당)

(성주향교(성주) 대성전)

(은진향교(논산) 대성전)

(제천향교(제천) 대성전)

(우저서원(김포) 서재)

(도남서원(상주) 사당)

6-2. 지붕 의장 기법

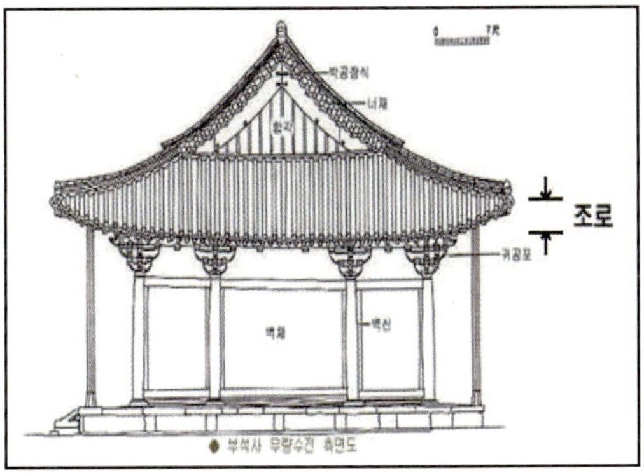

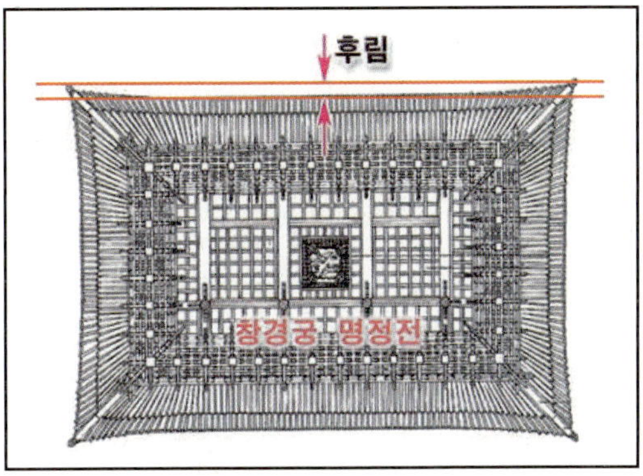

■ 조로

조로란 입면상에서 수직면 위쪽으로 네 귀를 쳐 들리게 하는 것.

(현등사(가평) 불이문)

(고운사(의성) 조계문)

(각화사(봉화) 요사)

(법주사(보은) 대웅전)

(흥국사(남양주) 대웅보전)

(위봉사(완주) 보광명전)

(증심사(광주) 원통전)

(무위사(강진) 범종각)

(성주사(창원) 마하루)

(부석사(영주) 무량수전)

■ 후림

후림이란 평면상에서 지붕의 수평면의 네 귀를 뻗게 하고 안으로 후리는 것을 말하며, 처마선을 안쪽으로 굽게 하여 날렵하게 보이도록 한다.

(용담사(남원) 대웅전)

(운주사(화순) 대웅전)

(축서사(봉화) 심검당)

(직지사(김천) 성좌각)

(연곡사(구례) 대적광전)

(법흥사(영월) 극락전)

(용궁향교(예천) 명륜당)

(양성향교(안성) 명륜당)

(장수향교(장수) 명륜당)

(창덕궁(서울) 육우정)

6-3. 지붕과 처마

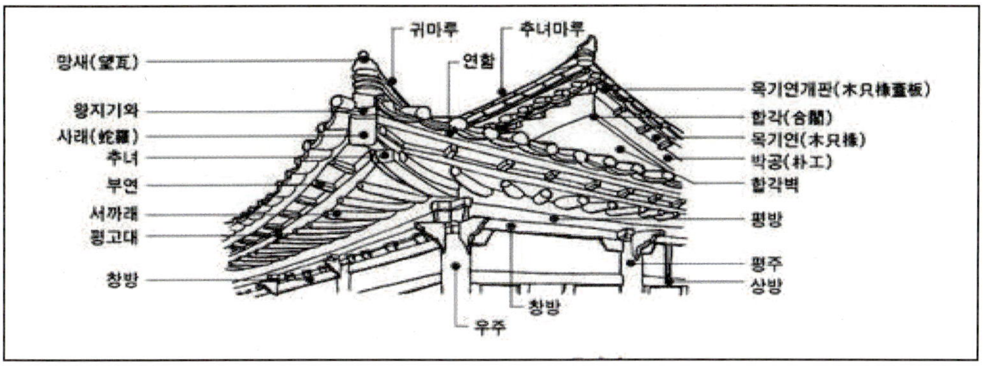

■ 지붕마루

기와면이 서로 만나는 부분을 모양을 내서 높직하게 쌓아준 것을 말한다.

■ 용마루

앞 지붕면과 뒤 지붕면이 서로 만나서 생기는 지붕에서 가장 높은 부분에 있는 지붕마루이다.

■ 내림마루

팔작지붕의 박공이 걸리는 지붕의 양쪽 끝에 생기는 지붕마루이다.

■ 추녀마루

건물의 모서리에 45°방향으로 추녀 위에 만들어지는 지붕마루이다.

(흥국사(남양주) 대방)

(불갑사(영광) 대웅전)

■ 왕찌기와

지붕 모서리 추녀마루 끝에 걸리는 암키와는 앞은 넓고 뒤는 좁은 삼각형 모양의 기와가 사용되는데 보통 앞면의 폭이 일반 암키와 폭을 넘기 때문에 특수 제작해 사용하는데 이를 왕찌기와라고 부른다.

■ 치미(鴟尾)

치미는 고대(삼국시대)건물의 용마루 좌우끝에 얹어 장식하는 것으로 입을 크게 벌려 용마루를 물고 용꼬리와 같은 형상을 한 것이다. 유물로는 경주 황룡사지와 천군리사지에서 출토된 것이 있다. 조선시대의 건물에서는 용마루 좌우에 취두라고 하는 것을 두는데 치미의 변형으로 보는 견해가 있다. 치미는 새(독수리)의 꼬리를 형상화한 것이다.

(각원사(천안) 대웅보전)

(현등사(가평) 응진전)

(백양사(장성) 대웅전)

(도리사(구미) 극락전)

(도갑사(영암) 대웅보전)

(창경궁(서울) 양화당)

■ 취두(鷲頭)

취두는 상와(像瓦,잡상)와 같이 궁전건물에만 사용되고 용두는 왕릉 인근에 있는 원찰(왕과 왕실의 소원을 기원하는 절)에서 사용되었다. 취는 독수리이며 독수리는 신격화한 상징적 영조(靈鳥)로 용과 같은 의미를 갖고 있다. 치미는 삼국시대에 주로 사용되었으며 고려시대에도 있었으나 조선시대에는 취두로 바뀌었다. 취두는 독수리의 머리를 뜻하는 것으로 용의 형상과 같이 조각되었다. 치미와 취두의 설치는 양성속에 긴 찰주(철못)을 박아 고정한다.

■ 용두(龍頭)

용두는 용마루 내림마루에 올려놓은 용머리형의 장식용 기와로 궁전건물 왕릉의 정자각과 침전/문묘/행궁/지방관아 등에만 사용되었고 일반 민가에서는 사용할 수 없었다. 다만 왕릉 인근에 있는 원찰의 법당에는 사용된 예가 있다. 왕실을 상징하는 새와 짐승으로 용과 봉황을 드는데 용은 왕을, 봉황은 왕비를 상징하는 것이다. 용과 봉황은 실존하는 동물이 아니므로 그 형상을 정확하게 사실적으로 조각이나 그림으로 표현하기 어려우나 예로부터 전해 내려오는 그림이나 조각을 표본으로 한다.

(불갑사(영광) 대웅전)

(현등사(가평) 응진전)

(황룡사지에서 출토된 치미)

해인사(치미)

(백담사)

현공사(중국)

6-4. 지붕형식에 의한 분류

■ 맞배지붕

건물의 앞뒤에서만 지붕면이 보이고 용마루와 내림마루로만 구성되었으며 주로 주심포집에서 많이 사용되었다. 맞배지붕은 측면에는 지붕이 없기 때문에 추녀라는 부재가 없으며 측면가구가 노출되기 때문에 조선시대에는 풍판을 사용했다. 가장 간단한 형식으로 주심포 양식에 많이 쓰이며 처마 양끝이 조금씩 올라가고 측면은 대부분 노출되는 구조미를 이루어 수덕사 대웅전, 무위사 극락전, 봉정사 극락전, 부석사 응진전, 부석사 조사당, 개심사 대웅전, 송광사 지장전, 통도사 관음전, 선운사 대웅전, 선암사 대웅전 등이 있다.

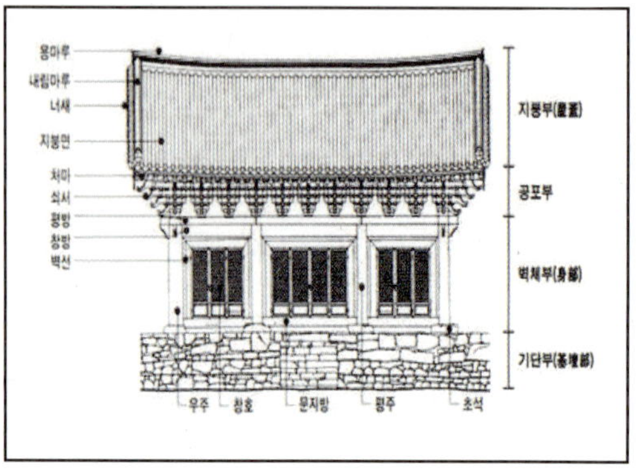

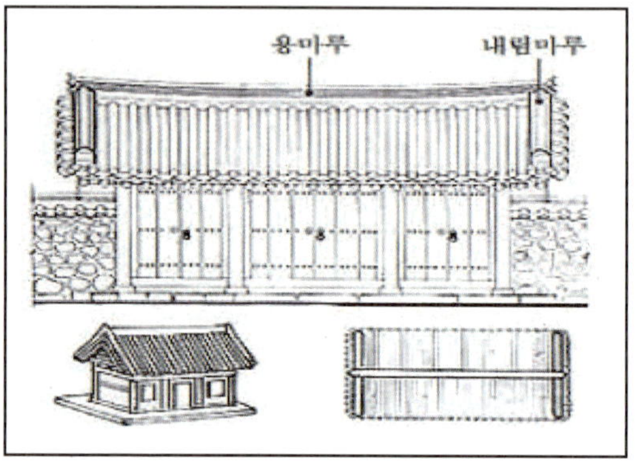

(1) 불교건축

(봉정사(안동) 고금당(주심포))

(수덕사(예산) 대웅전(주심포))

(무위사(강진) 극락전(주심포))

(부석사(영주) 응진전(익공))

(장곡사(청양) 하대웅전(다포))

(보경사(포항) 적광전(다포))

(개심사(서산) 대웅전(다포))

(갑사(공주) 강당(다포))

(선운사(고창) 대웅전(다포))

(송광사(순천) 지장전(익공))

(2) 유교건축

(사충서원(하남) 강당)

(필암서원(장성) 강당)

(옥산서원(경주) 동서재)

(노강서원(논산) 동서재)

(남평향교(나주) 대성전)

(김제향교(김제) 대성전)

(남양향교(화성) 명륜당)

(광양향교(광양) 명륜당)

(영광향교(영광) 동서재)

(전주향교(전주) 동서재)

(3) 기타건축

(경기전(전주) 정전)

홍산객사(부여)

전주객사(전주)

(관가정(경주) 사랑채)

(선교장(강릉) 행랑채)

(인천도호부(인천) 공수)

(연경당(서울) 선향재)

(창덕궁(서울) 대찰당)

(화성행궁(수원) 전사청)

(화성행궁(수원) 득중정)

■ 팔작지붕

팔작(합각)지붕은 우진각지붕 위에 맞배지붕을 올려놓은 것과 같은 형태의 지붕이다. 현존하는 권위건물의 지붕형태 중에서 가장 많은 형태의 지붕으로 용마루와 내림마루 추녀마루가 모두 갖추어진 가장 화려하고 장식적인 지붕이다. 가장 아름다운 구성미를 지닌 지붕으로 곡면이 특이하여 부석사 무량수전, 부석사 안양루, 통도사 극락보전, 통도사 불이문, 화엄사 대웅전 등이 있다

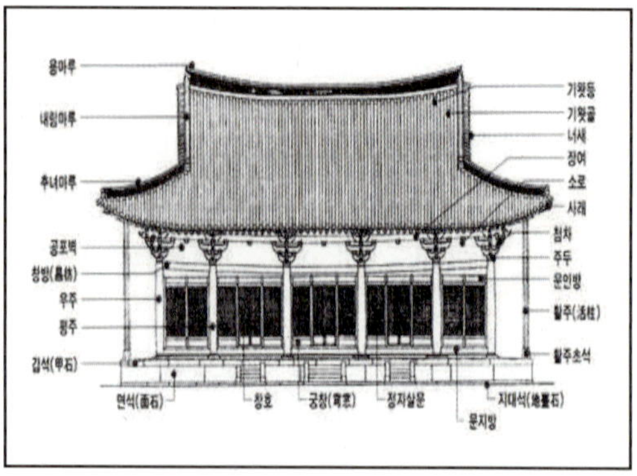

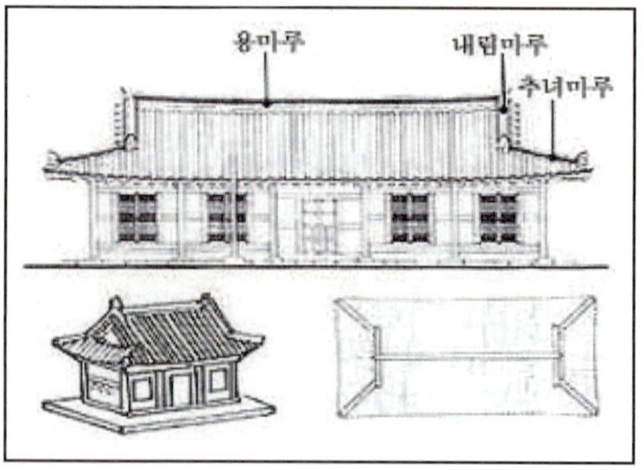

(1) 불교건축

(내소사(부안) 법종각)

(부석사(영주) 안양루)

(통도사(양산) 극락보전)

(보광사(파주) 대웅전)

(부석사(영주) 무량수전)

(화엄사(구례) 각황전)

(금산사(김제) 미륵전)

(봉선사(남양주) 큰법당)

(현등사(가평) 극락전)

(대흥사(해남) 천불전)

(2) 유교건축

(병산서원(안동) 강당)

(남계서원(함양) 강당)

(숭현서원(대전) 강당)

(내산서원(영광) 강당)

(성균관(서울) 대성전)

(나주향교(나주) 대성전)

(수원향교(수원) 명륜당)

(광주향교(광주) 명륜당)

(강진향교(강진) 동서재)

(의령향교(의령) 동서재)

(3) 기타건축

부여동헌(부여)

해미동헌(서산)

홍산동헌(부여)

(심수정(경주) 양동마을)

(충효당(안동) 하회마을)

환벽당(담양)

해운전(강릉)

오죽헌(강릉)

초간정(예천)

(창덕궁(서울) 인정전)

■ 우진각지붕

건물의 사방 네 모퉁이로 추녀를 건 4면이 모두 덮인 지붕인데 팔작지붕과는 달리 측면의 삼각형 합각부가 없다. 지붕면이 전후좌우로 물매를 갖게 된 지붕양식으로 지붕면 높이가 팔작지붕보다 높게 되어 있다. 용마루와 추녀마루만 있고 내림마루가 없는 지붕형태이다. 지붕면이 전후좌우로 물매를 갖게 된 지붕양식으로 지붕면 높이가 팔작지붕 보다 높게 되어있는 해인사 장경판고 등이 있다.

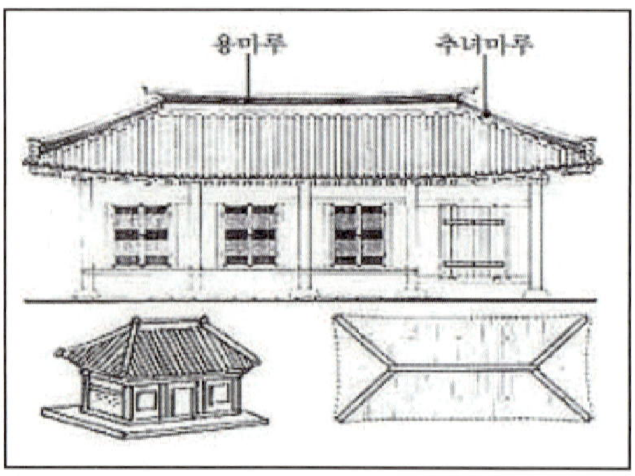

(1) 불교건축

(해인사(합천) 법보전)

(송광사(순천) 성보박물관)

(해인사(합천) 포교국)

(낙산사(속초) 의상기념관)

(2) 유교건축

(삼가향교(합천) 사마재)

(구양서원(봉화) 동서재)

(임피향교(군산) 동재)

(금산향교(금산) 동재)

(대정향교(제주) 명륜당)

(대정향교(제주) 동재)

(문경향교(문경) 서재)

(정의향교(제주) 동재)

(남계서원(함양) 장판각)

(청하향교(포항) 천화루)

(3) 기타건축

(덕수궁(서울) 대한문)

(창덕궁(서울) 돈화문)

(경희궁(서울) 흥화문)

(창경궁(서울) 홍화문)

(화성행궁(수원) 신풍루)

(경복궁(서울) 흥례문)

관람정(서울)

(화성(수원) 남포루)

(화성(수원) 동포루)

■ 모임지붕

모임지붕은 용마루 없이 하나의 꼭지점에서 지붕골이 만나는 지붕형태이다. 모임지붕은 평면의 형태에 따라서 달라지는데 사모지붕, 육모지붕, 팔모지붕 등이 있다. 사모지붕은 현존하는 사찰 건축에서는 보기 어려운 구조로 불국사 관음전, 창덕궁 연경당의 농수전 등이 있다. 육모지붕은 평면이 육각으로 된 지붕으로 경복궁 향원정이 있다. 팔모지붕은 평면이 팔각으로 된 지붕으로 통도사 대웅전이 있다.

(1) 8각 지붕

(용화사(통영) 종루)

(개태사(논산) 독성각)

(경복궁(서울) 향원정)

(경복궁(서울) 팔우정)

(안정사(통영) 종각)

(2) 6각 지붕

① 불교건축

(해인사(합천) 독성각)

(관촉사(논산) 종루)

(보탑사(진천) 법고각)

(불갑사(영광) 선다루)

(보탑사(진천) 영산전)

(흥국사(남양주) 만월보전)

(공림사(괴산) 범종각)

(범어사 금강암(부산) 범종각)

(불굴사(경산) 범종각)

(문빈정사(광주) 상락정)

② 기타건축

(창덕궁(서울) 청의정)

(창덕궁(서울) 상량정)

(창덕궁(서울) 존덕정)

(창덕궁(서울) 삼삼와)

(홍주동헌(홍성) 여하정)

(부소산성(부여) 백화정)

(3) 4각지붕

현존하는 사찰 건축에서는 보기 어려운 구조로 불국사 관음전, 창덕궁 연경당의 농수전 등이 있다.

① 불교건축

(불국사(경주) 관음전)

(법주사(보은) 원통보전)

(보탑사(진천) 수각)

(보탑사(진천) 3층목탑)

(법주사(보은) 팔상전)

(쌍봉사(화순) 대웅전)

(김룡사(문경) 범종각)

(망해사(김제) 범종각)

(봉선사(남양주) 범종각)

(보광사(파주) 범종각)

② 기타건축

(창덕궁(서울) 태극정)

(창덕궁(서울) 소요정)

(연경당(서울) 농수정)

(창덕궁(서울) 애련정)

(창덕궁(서울) 청심정)

■ 기타지붕

(1) 아(亞)자형 지붕

지붕의 평면이 열십자에 그림의 좌측면은 아자(亞字)이다. 창덕궁 부용정, 송광사 대웅보전, 마곡사 범종각, 송광사 범종루 등이 있다.

(송광사(순천) 대웅보전)

(송광사(완주) 범종루)

(마곡사(공주) 범종각)

(창덕궁(서울) 부용정)

(2) T자형 지붕

(통도사(양산) 대웅전)

(쌍봉사(화순) 호성전)

(선암사(순천) 원통전)

(흥국사(여수) 원통전)

(고운사(의성) 고불전)

(낙산사(속초) 범종각)

세검정(서울)

(3) 눈썹지붕(가첨) : 달아낸 지붕

(장곡사(청양) 설산당)

(신령향교(신령) 명륜당)

(고성향교(고성) 명륜당)

(하회마을(안동) 북촌댁)

(과천향교(과천) 명륜당)

(입암서원(포항) 강당)

(전주향교(전주) 명륜당)

(보령향교(보령) 동재)

(영광향교(영광) 명륜당)

(군위향교(군위) 명륜당)

(4) 솟을지붕

3칸 모두 맞배지붕이면서 중앙부에 좌우측에 비해 솟아 있다.

(대흥사(해남) 풍재문)

(통도사(양산) 개산조당)

(영남루(밀양) 천진궁 정문)

(내원사(양산) 소심당)

(낙산사(속초) 응향각)

(청평사(춘천) 회전문)

(상원사(평창) 백상문)

전주객사(전주)

낙안객사(순천)

(남양향교(화성) 명륜당)

(5) 계단식 지붕

계단을 따라 지붕의 높이를 다르게 두었다.(밀양 영남루, 남원 광한루)

(밀양 연난루)

(남원 광한루)

(월정사 중대(평창) 요사)

(창경궁(서울) 복도각)

(경희궁(서울) 숭정전행각)

(경희궁(서울) 자정문우행각)

(부석사(서산) 범종각)

(6) 좌우의 모양이 다른 지붕

좌측은 맞배지붕, 우측은 팔작지붕으로 이루어져 있다.

(신창향교(아산) 동재)

(기장향교(기장) 동재)

(7) 중앙, 측면의 모양이 다른 지붕

중앙은 맞배지붕, 좌우측면은 팔작지붕으로 이루어져 있다.

(김제향교(김제) 명륜당)

(나주향교(나주) 명륜당)

(고성향교(고성) 명륜당)

(성균관(서울) 명륜당)

(8) 중앙, 측면의 모양이 다른 지붕

중앙은 맞배지붕, 좌우측면은 우진각지붕으로 이루어져 있다.

(인흥서원(대구) 외삼문)

(순천향교(순천) 내삼문)

(9) 입구 현관을 달아낸 지붕

(화엄사(구례) 법음료)

(창덕궁(서울) 희정당)

(여여정사(삼랑진) 대웅보전)

(10) 전면과 배면의 처마길이가 다른 지붕

원래 오량가구 집인데 필요에 의해 전면 기둥에 툇보를 하나 더 걸어 작은 한 간을 더 넣은 모양으로 전면의 처마가 배면보다 길어졌다.

(송광사(순천) 하사당)

(영주향교(영주) 동무)

(기장향교(부산) 명륜당)

(황간향교(영동) 대성전)

(11) 전면과 배면의 지붕모양이 다른 지붕

측면에서 볼 때 앞쪽은 팔작, 뒷면은 맞배지붕이다.(청학동 삼성궁, 불회사 진여문)

(청학동(하동) 삼성궁)

(불회사(나주) 진여문)

(12) 전면과 배면의 서까래구조가 다른 지붕

전면은 서까래에 부연을 건 겹서까래구조이고 측면과 배면은 서까래만 건 홑서까래구조이다.

(기장향교(부산) 명륜당)

(군위향교(군위) 대성전)

(광주향교(광주) 명륜당)

(13) 꺽인지붕 : 한식 기와지붕으로는 드문 모습이다(양산 천성산 내원사)

6-5. 지붕재료에 의한 분류

■ 너와지붕

강봉문가옥(삼척)

김진호가옥(삼척)

■ 초가지붕

최선준가옥(순천)

조일훈가옥(제주)

■ 기와지붕

남사마을 최씨고가(산청)

학동마을 최영덕고가(고성)

7. 벽체

한옥에서 벽체는 주로 기둥사이에 만들어져 실내 · 외를 구분하고 내부 칸막이 역할도 한다. 벽체의 주 재료는 흙이기 때문에 넓은 벽면을 모두 흙으로 채우기는 구조적으로 어렵기 때문에 기둥사이에 인방같은 수평부재를 걸고 벽체를 만든다.

7-1. 벽체 구성

■ 인방

이웃한 기둥과 기둥사이를 가로 지르는 수평부재다. 보통 한옥에서 상 · 중 · 하로 세 개가 걸리는데 그 위치에 따라 상인방, 중인방, 하인방으로 구분된다. 보통 상 하인방사이에 문이 설치된다.

■ 벽선

벽선은 기둥 바로 옆에 대는 수직부재다. 즉 기둥과 벽체(흙벽)와의 완충 역할을 해준다.

7-2. 벽체 종류

■ 심벽

한옥뿐만 아니라 한국의 목조건축에서 가장 널리 보이는 벽체구성방식이다. 심벽은 인방사이에 중깃(1~1.5치 정도의 가는 목재)을 세우고 다시 수평으로 가시새가 설치된다. 여기에 다시 수수깡, 싸리나무 등으로 눌외와 설외를 대고 흙을 채운 후 면을 마감한다. 마감은 반가의 경우는 회를 발라 하얗게 하는 경우도 있는데 이를 회벽이라고 한다. 서민의 집에서는 그냥 흙벽 자체로 두는 경우가 많다.

(선암사(순천) 달마전)

(화엄사(구례) 원통전)

(은해사 백흥암(영천) 명부전)

(영은사(삼척) 대웅보전)

(수타사(홍천) 삼성각)

(환성사(경산) 동백당)

(강양향교(홍천) 명륜당)

(단성향교(산청) 대성전)

(울산향교(울산) 전교실)

(경주향교(경주) 서무)

■ 판벽

중인방 아래를 판재로 마감하는 경우가 있는데 이를 판벽(板壁)이라고 한다. 사람이 거처하지 않는 헛간채, 부엌 등에 주로 쓰인다.

(흥국사(남양주) 범종각)

(기림사(경주) 진남루)

(김룡사(문경) 고방)

(남계서원(함양) 장판각)

(곡성향교(곡성) 명륜당)

(보령향교(보령) 동무)

(선암서원(청도) 대문채)

(관가정(경주) 사랑채)

(낙안동헌(순천) 내아)

부여동헌(부여)

■ 화방벽

중인방 아래로 돌 등으로 두껍게 쌓은 벽을 말한다. 내구성이 있어 화재나 습기방지에 좋다. 문간채 외벽 등에 주로 쓰인다.

(개심사(서산) 심검당)

(쌍계사(논산) 나한전)

(대흥사(해남) 가허루)

(영월향교(영월) 대성전)

(이천향교(이천) 동재)

(서산향교(서산) 명륜당)

(고산서원(안동) 사당)

(덕봉서원(안성) 사당)

(안성객사(안성) 정청)

(인천도호부(인천) 공수)

■ 죽담벽

돌과 흙을 번갈아 쌓아 벽 전체를 구성하는 구조로 죽담벽 집의 경우 대개 기둥이 전면에 2~3개 정도 들어가며 민가에서도 아주 열악한 살림집 내지 측간채 등에 사용된다.

(유가사(달성) 조사당)

(무위사(강진) 종무소)

(불회사(나주) 비로헌)

(윤탁가옥(해남) 문간채)

(수도리마을(영주) 해우당고택)

(양동마을(경주) 두곡고택)

(낙안읍성(순천) 양규철가옥)

(조일훈가옥(제주) 안채)

(고상은가옥(제주) 안채)

(양동마을(경주) 관가정 대문채)

■ 토벽

흙만으로 반죽하여 쌓은 벽이다.

(화계사(서울) 조실당)

(기림사(경주) 요사)

(낙산사(속초) 요사채)

(봉은사(서울) 북극보전)

(묘적사(남양주) 마하선원)

(군위향교(군위) 대성전)

(정여창가옥(함양) 대문채)

■ 벽돌벽

(경복궁(서울) 집옥재)

(창덕궁(서울) 연경당 선향재)

(경복궁(서울) 녹금당)

(경복궁(서울) 복수당)

(덕수궁(서울) 함녕전)

(덕수궁(서울) 정관헌)

(덕수궁(서울) 석조전)

(화성행궁(수원) 복도각)

(종묘(서울) 영령전)

(사충서원(하남) 사당)

8. 기단

집을 지을 때 지면(마당)으로부터 일정한 높이의 단(壇)을 만들고 그 위에서부터 집을 짓기 시작하는데 이때 만들어진 단이 바로 기단이다. 단을 만드는 목적은 지면으로부터의 1차적으로 습기가 올라오는 것을 막는데 있는데 특히 비가 올 때 낙수물이 기단 밖으로 떨어지게 되어있어 집을 보호하는데 매우 좋다. 사대부가옥에서는 위엄을 내세우기위해 일부러 기단 높이를 높게하기도 했다. 한옥에 사용된 기단의 종류에는 크게 토축기단과 석축기단이 있다.

8-1. 쌓는 재료에 따른 분류

■ 토단

조선시대 서민주택의 기단, 홍륜사지

■ 토축토단

판전으로 백제시대 건축, 익산 왕궁탑

■ 전축기단

방전이나 기와를 세우거나 눕혀 마무리하는 형식, 부여 군수리 사지, 화성성곽 포루

■ 석축기단

판전 또는 막돌 허튼층 쌓기로 마무리한 형식, 한국 기단의 주류

8-2. 단수에 따른 분류

■ 단층기단

높이에 관계없이 하나의 층

(축서사(봉화) 보광전)

(청암사(김천) 보광전)

(도갑사(영암) 대웅보전)

(통도사(양산) 관음전)

(오봉서원(강릉) 강당)

(노강서원(의정부) 사당)

(양동마을(경주) 향단 사랑채)

(홍기헌가옥(나주) 아래채)

(인천도호부(인천) 공수)

(낙안객사(순천) 외삼문)

■ 다층기단

층수가 2이상이 되는 것

(파계사(대구) 진동루)

(직지사(김천) 약사전)

(유가사(달성) 범종루)

(용천사(청도) 응진전)

(금산향교(금산) 대성전)

(온양향교(온양) 대성전)

(임천향교(부여) 대성전)

(수도리마을(영주) 김위진가옥 사랑채)

(홍기헌가옥(나주) 사랑채)

(주곡고택(영양) 사랑채)

8-3. 마감석재의 형태와 층에 따른 분류

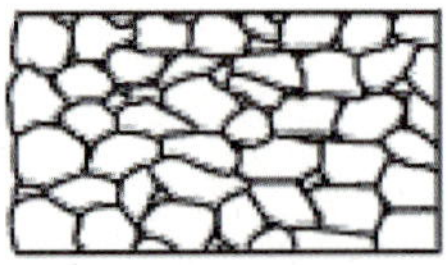
(막돌막 쌓기)

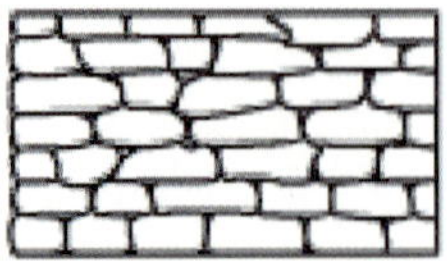
(납작돌 수평줄눈쌓기)

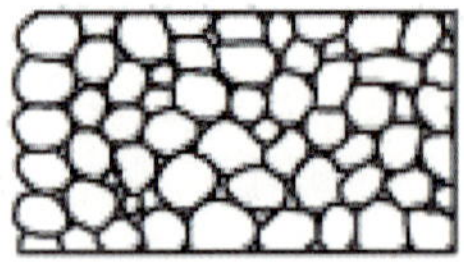
(개울돌 막쌓기)

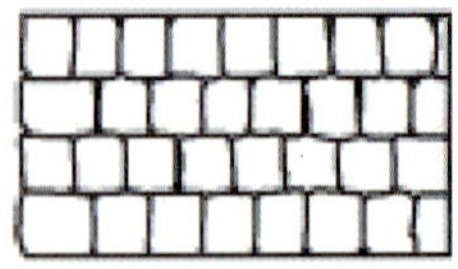
(사고석 쌓기)

(이고석 쌓기)

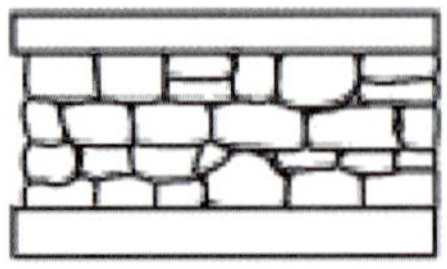
(상하장대식 막돌면석)

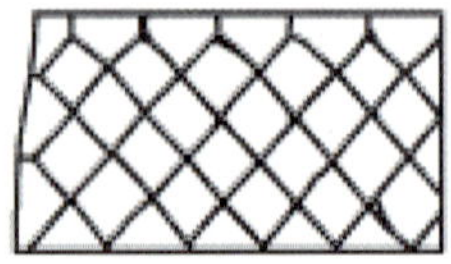
(견치돌 빗쌓기)

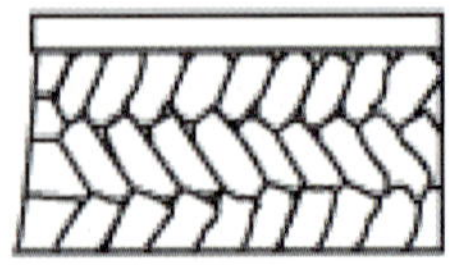
(빗쌓기)

▪ 막돌 허튼층 쌓기

막돌 허튼층 쌓기한 건축물로는 봉징사 대웅전, 부석사 석축, 해인사 대장경 판고 등에서 그예를 볼 수 있다.

(봉정사(안동) 대웅전)

(개심사(서산) 안양루)

(불갑사(영광) 칠성각)

(보광사(파주) 만세루)

(보문사(강화) 법음루)

(전등사(강화) 대웅전)

(자인향교(경산) 모성루)

(창평향교(담양) 명륜당)

(만괴헌(영덕) 안채)

(충효당(영덕) 사랑채)

■ 막돌 바른층 쌓기

막돌 바른층 쌓기한 건축물로는 불교건축물로 부석사 안양루, 용연사 보광루, 유교건축물로 보령향교 대성전, 양진당 사랑채 등에서 볼 수 있다.

(부석사(서산) 안양루)

(장곡사(청양) 하대웅전)

(용연사(달성) 보광루)

(만어사(밀양) 대웅전)

(보령향교(보령) 대성전)

(반송재고택(예천) 사랑채)

(금호서원(경산) 사당)

(하회마을(안동) 양진당 사랑채)

(옥천종택(영양) 안채)

(호은종택(영양) 사랑채)

■ 다듬돌 허튼층 쌓기

다듬돌 허튼층 쌓기한 건축물로는 불교건축물로 불갑사 천왕문, 증심사 대웅전, 유교건축물로 부여향교 명륜당, 도동서원 강당 등에서 볼 수 있다.

(불갑사(영광) 천왕문)

(은하사(김해) 삼성각)

(정수사(강화) 대웅보전)

(증심사(광주) 대웅전)

(보령향교(보령) 외삼문)

(부여향교(부여) 명륜당)

(현등사(가평) 응진전)

(도동서원(달성) 강당)

(산청향교(산청) 대성전)

(창경궁(서울) 함인정)

■ 다듬돌 바른층 쌓기

다듬돌 바른층 쌓기한 건축물로는 불교건축물로 개운사 대웅전, 보문사 극락보전, 유교건축물로 성주향교 대성전, 도산서원 강당 등에서 볼 수 있다.

(개운사(서울) 대웅전)

(보문사(강화) 극락보전)

(정수사(강화) 대웅전)

(부석사(서산) 극락전)

(성주향교(성주) 대성전)

(도산서원(안동) 강당)

(공주향교(공주) 대성전)

(수원향교(수원) 대성전)

(운현궁(서울) 노락당)

(경복궁(서울) 자경전)

8-4. 쌓는 방법에 따른 분류

■ 적초식기단

단순하게 돌들을 차곡 쌓는 방법

■ 가구식기단

지면위에 긴돌로 된 지래석을 눕혀 깔고 그 위에 넓고 평평한 면석을 세우고 그 사이를 기둥모양의 멍주석을 세우고 그 위에 갑석을 덮어 마감하는 방법

(1) 토축기단

서민들이 살던 민가에서 주로 사용되었다. 흙으로만 쌓기도 하고 일부 돌을 섞어 사용하기도 했다.

(2) 석축기단

자연석을 사용한 자연석기단(막돌기단)이 있고 돌을 가로로 길게 다듬어 사용한 장대석 기단이 있다. 장대석 기단은 주로 반가에서 많이 보이는데 대개 1단(외벌대) 내지 2단(두벌대)으로 되어있다.

① 자연석기단

(봉정사(안동) 만세루)

(부석사(영주) 안양루)

(만어사(밀양) 삼성각)

(갑사(공주) 강당)

(김산향교(김천) 동재)

(강진향교(강진) 서재)

(입암서원(포항) 강당)

(윤두서가옥(해남) 안채)

(몽심재(남원) 사랑채)

(운곡당(의성) 사랑채)

② 장대석기단

(김룡사(문(수덕사(예산) 대웅전)경) 고방)

(각원사(천안) 성종루)

(범어사(부산) 미륵전)

(쌍계사(논산) 대웅전)

(개태사(논산) 용화대보궁)

(갑사(공주) 대웅전)

(강릉향교(강릉) 대성전)

(화천서원(안동) 강당)

(홍천향교(홍천) 명륜당)

(선교장(강릉) 동별당)

9. 초석

기둥 밑에 놓여지는 돌을 말한다. 흔히 주춧돌이라고도 한다. 초석(礎石)은 주초(柱礎) 혹은 주초석(柱礎石)이라고도 불리는데, 기둥을 통해 전달된 상부의 하중을 기초를 거쳐 지반으로 전달해 주며 지면의 습기로부터 기둥뿌리를 보호해 주는 부재이다. 원시시대의 수혈주거에서는 기둥하부를 땅 속에 묻어 세우고 이렇게 세워진 기둥들의 상부를 묶어 원추형의 구조물을 만들고 지붕을 덮었으므로 주초가 사용되지 않았다. 이들 기둥의 땅 속 하부에 어느때인가 부터 납작한 돌을 받치고 그 위에 기둥을 세우기 시작하였으며, 이후 도구의 발달과 함께 점차 가구법이 발달하면서 기둥뿌리를 지상으로 노출시키게 되었고 이로써 주초라는 부재가 설치되고 그 역할을 하게 된 것이다. 주초는 드물게 나무로 된 것을 사용하기도 하지만 통상 석재를 사용하는 것이 일반적이며 이로써 초석 혹은 주초석이라 불리는 것이다. 초석은 재료의 특성상 목조로 된 가구부가 소멸된 이후에도 남아 있는 경우가 많아 당시의 건물평면을 연구하는데 중요한 자료가 된다. 초석의 종류에는 자연석 초석과 가공석 초석이 있다.

9-1. 자연석 초석(덤벙주초)

초석상면을 가공하지 않고 울퉁불퉁한 자연석을 그대로 초석으로 사용한 것을 말하며, 초석상면이 고르지 않아 초석간의 수평이 맞지 않게 놓여져 덤벙주초라고도 한다. 이와 같은 덤벙주초에다 기둥을 세울 때에는 기둥뿌리부분을 초석상면의 형태와 같이 다듬어 세우게 되는데 이를 그랭이질이라 한다. 덤벙주초는 주로 백성들의 살림집에서 사용하지만 사찰의 대웅전과 같은 큰 정전건물에서도 사용한 예를 흔하게 볼 수 있다. 덤벙주초는 때에 따라서 기둥이 놓이는 주좌면만을 살짝 가공하기도 한다.

(봉정사(안동) 만세루)

(화암사(완주) 극락전)

(통도사(양산) 용화전)

(내소사(부안) 대웅보전)

(다솔사(사천) 대양루)

(쌍계사(논산) 대웅전)

(고흥향교(고흥) 명륜당)

(남평향교(나주) 대성전)

(양동마을(경주) 강학당)

(양동마을(경주) 관가정 안채)

9-2. 가공초석(정평주초)

다듬은 돌을 사용한 초석은 상면의 수평을 맞추어서 놓게 되는데 이는 정평주초라고 한다. 다듬은 돌초석의 경우에도 그랭이질을 하여 기둥을 세우게 된다. 이들 다듬은 돌초석은 상면에 기둥을 앉힐 자리에 따로이 다듬어 돋게 만드는 경우가 많은데 이를 주좌(柱座)라고 한다. 주좌는 원형 혹은 방형으로 된 것이 일반적이지만 드물게 팔각형으로 된 것도 있다. 이들 주좌의 형태는 그 위에 놓이는 기둥이 두리기둥, 네모기둥, 팔각기둥이었음을 의미한다고 하겠다. 그리고 주좌의 단 수도 1단으로 된 것과 2단으로 된 것이 있으며 드물게는 3단으로 된 것도 있다. 주좌의 단면형태는 4분원과 직각형태가 일반적인데 이렇게 주좌를 가공한 것을 쇠시리라고 한다. 외진주나 우주에 사용된 초석 중에서는 하인방을 받도록 고막이를 돋운 것들도 볼 수 있어 주좌의 평면형태는 초석의 사용위치에 따라 달라지기도 한다. 초석의 형태별 분류는 주좌의 형태에 따라 분류한다. 즉 주좌의 형태에 따라 원형초석, 방형초석, 육각초석, 팔각초석, 모죽인방형초석, 특수형초석 등으로 분류한다. 조선시대 초석에는 주좌와 초반 사이에 운두(雲頭)를 둔 것이 많다. 운두는 주좌를 받치고 있는 것으로 초석 입면의 높이를 높일 뿐만 아니라 장식의 역할을 한다. 대부분 삼국시대의 초석들은 운두가 없고 주좌의 높이가 낮으며 초반의 폭이 넓은 것이 특징이다. 그러나 고려시대는 다른 석조유적이 모두 화려해지고 장식적으로 바뀌는 것처럼 초석도 장식화되었다. 그러한 실례로 법천사지 부도전에 있는 초석을 들 수 있는데 주좌 밑에 낮은 연꽃장식의 운두를 둔 화려한 초석이다. 초석은 주좌가 원형인 원형초석이 가장 많이 사용되었는데 삼국시대에는 방형의 주좌를 갖는 방형초석도 많이 쓰였다. 다각형의 초석은 대부분 정자건물 등의 특수 건물에 사용되었는데 좀더 특수한 형태로는 칠각초석 및 도피안사에서 발굴된 배부른 장방형 초석이 있다.

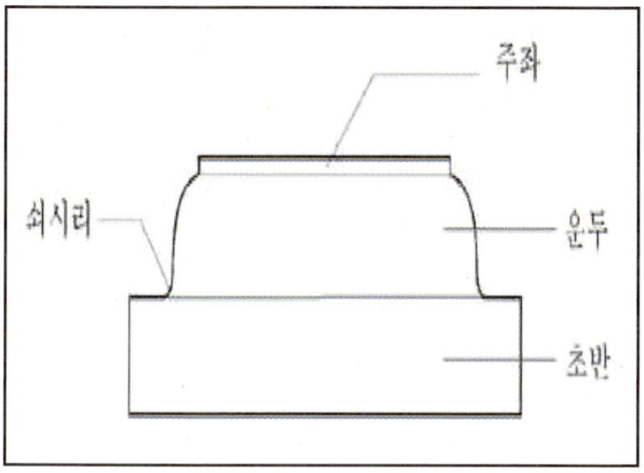

■ 원형초석

(1) 원형초석

막돌을 가공하여 만든 것으로 원형기둥이 서는 부분을 볼록하게 만든 초석.

(도갑사(영암) 국사전)

(수덕사(예산) 황하정루)

(내장사(정읍) 대웅전)

(범어사(부산) 대웅전)

(덕봉서원(안성) 사당)

(돈암서원(논산) 응도당)

(원주향교(원주) 대성전)

서산객사(서산)

(인천도호부(인천) 동헌)

(강원감영(원주) 선화당)

(2) 원주형초석

조선시대의 루건축(樓建築)에 많이 사용되었던 초석으로 초석자체를 민흘림 기둥으로 하고 밑등을 넓적하게 처리하여 안전하게 한 것이다. 건축물로는 범어사 일주문, 정읍 피향정 등이 있다.

(범어사(부산) 일주문)

(현등사(가평) 불이문)

(겁외사(산청) 벽해루)

(건봉사(고성) 불이문)

(죽림사(영천) 일주문)

(동래향교(부산) 반화루)

(창녕향교(창녕) 명륜당)

(나곡서원(포항) 외삼문)

(장흥향교(장흥) 대성전)

피향정(정읍)

■ 방형초석

(1) 방형초석

사각기둥을 받도록 만든 초석.

(전등사(강화) 대조루)

(봉원사(서울) 영안각)

(전등사(강화) 대조루)

(금산향교(금산) 대성전)

(창녕향교(창녕) 동재)

(덕봉서원(안성) 강당)

(강화유수부(강화) 동헌)

직산현관아(천안)

(창덕궁(서울) 불로문)

(창덕궁(서울) 폄우사)

(2) 사다리형 초석

사다리형 초석은 18세기 이후 살림집에 많이 사용했다. 주좌없이 초반의 형태가 위쪽은 약간 좁고 밑동은 약간 넓은 형태의 사다리꼴 초석으로 평면은 원형과 방형이 있다. 이 중에서 방형이 많이 쓰였으며 보통 초석의 높이는 1자 정도이다. 일반적으로 살림집에서는 가공한 초석을 사용하지 못하도록 하였는데 조선후기 양반가에서 이러한 초석이 쓰이기 시작했다.

(겁외사(산청) 율은재)

(석남사(울산) 침계루)

(창덕궁(서울) 취규정)

(창덕궁(서울) 기오헌)

(낙안읍성(순천) 낙민루)

(궁집(남양주) 사랑채)

(여수향교(여수) 풍화루)

(인천도호부(인천) 중문)

(해미동헌(서산) 외삼문)

(화성(수원) 서남각루)

(3) 각형초석

① 6각초석

6각으로 된 초석은 매우 드물며 홍국사 만월보전 등에서 볼 수 있다.

(흥국사(남양주) 만월보전)

(보성향교(보성) 대성전)

(보성향교(보성) 내삼문)

(구례향교(구례) 명륜당)

② 8각형초석

8각형 기둥을 받도록 8각형으로 된 초석으로 고구려의 쌍영총, 석굴암 8각석축, 나주향교 대성전 등에서 볼 수 있다.

(장곡사(청양) 운학루)

(청곡사(진주) 범종각)

(불회사(나주) 대양루)

(은해사(영천) 보화루)

(불회사(나주) 범종루)

(선암사(순천) 강선루)

(나주향교(나주) 대성전)

(화성(수원) 서장대)

진남관(여수)

(홍산동헌(부여) 누문)

(4) 방주형초석

단주형(短柱形)과 장주형(長柱形)이 있다.

① 단주형

궁궐, 일반상류주택, 경복궁 자경전 등에 사용되었다.

(대흥사(해남) 일주문)

(낙산사(속초) 범종각)

(춘천향교(춘천) 장수루)

(덕산향교(예산) 명륜당)

(창덕궁(서울) 수강재)

(창덕궁(서울) 연경당)

(선교장(강릉) 열화당)

(경복궁(서울) 자경전)

보령관아문(보령)

서산동헌(서산)

② 상주형

장주초석은 일반초석에 비해 월등히 키가 큰 초석을 말한다. 물론 장주초석도 단면형태로 분류하면 원형, 방형, 다각형 등으로 다양하다. 장주초석은 주로 중층의 누각건물에서 많이 사용된다. 누각 건물은 처마를 아무리 만이 매더라노 선물사제가 높기 때문에 1층기둥이 많이 썩기 때문에 장주초석으로 하는 경우가 많다. 조선시대 살림집의 사랑채 누마루 초석을 장주초석으로 하는 경우가 많다. 경복궁 경회루와 같이 습기가 많은 곳에서는 아예 돌기둥으로 하는 경우도 있다. 높이가 비슷해 돌기둥과 장주초석의 구분이 잘 안되는 경우가 있는데 조금이라도 목조기둥이 있으면 장주초석으로 보아야 한다. 루(樓), 정자의 초석, 경복궁 경회루.

(용주사(화성) 삼문)

(봉은사(서울) 법왕루)

(밀양향교(밀양) 풍화루)

(통영향교(통영) 풍화루)

(창녕향교(창녕) 외삼문)

(창덕궁(서울) 상량정)

(경복궁(서울) 청연루)

(경복궁(서울) 경회루)

(창덕궁(서울) 희정당)

(창덕궁(서울) 낙선재)

(5) 고맥이초석

고맥이초석은 하방 밑에 생기는 화방벽과 만나는 초석 측면의 마감을 깨끗하게 하기 위해 만들어지는 특수한 초석이다. 즉 기둥 밑을 가로로 연결하는 인방재를 하방이라고 한다. 하방은 보통 초석 위에서 연결되기 때문에 하방 밑으로 기단면과의 사이에 초석 높이 만큼의 공간이 생긴다. 이 부분을 막는 벽을 화방벽이라고 하는데, 이 화방벽을 막을 때 고맥이 초석이 아니라면 초석의 주좌와 운두의 불규칙한 선을 따라 화방벽이 만나기 때문에 마감이 깨끗하지 못하다. 그래서 초석에 아예 살을 덧붙여 놓으면 마감면이 깨끗해진다. 그래서 만들어진 것이 고맥이 초석이다.

(부석사(영주) 무량수전)

(반룡사(고령) 대적광전)

(보문사(강화) 극락보전)

(수종사(남양주) 약사전)

(법흥사(영월) 극락전)

(인흥서원(달성) 강당)

(소수서원(영주) 직방재)

(인천도호부(인천) 객사)

(양동마을(경주) 무첨당 사랑채)

(강화유수부(강화) 외규장각)

(6) 특수형태

특수한 형태로는 칠각초석 및 도피안사에서 발굴된 배부른 장방형 초석이 있다.

칠각초석은 고주몽의 설화에 나오는데 고주몽이 북부여를 탈출하면서 유화부인에게 자식을 의탁하고 신표를 숨겨두었다. 찾아보니 주춧돌과 기둥사이에 신표가 있었는데 그 초석이 일곱모였다고 한다. 고주몽 설화는 기원전 37년의 일이므로 이미 기원전에 칠각초석을 사용할 정도로 당시의 기하학적 식견이 대단하였으며, 건축기술의 수준 또한 높았음을 추정해 볼 수 있다.

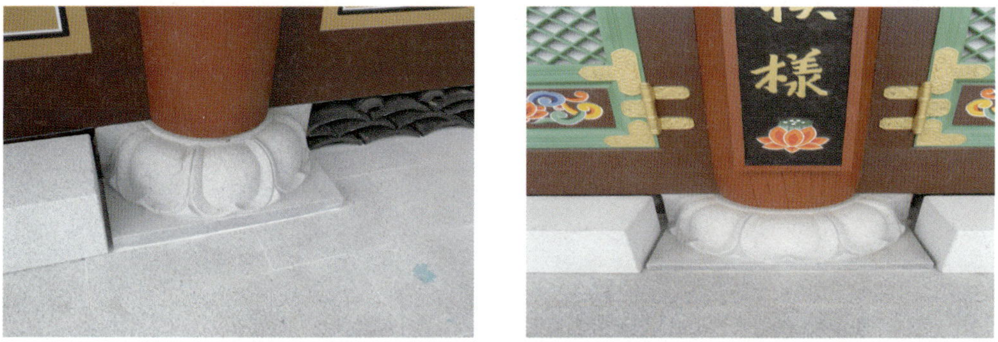

(계승사(고성) 대광보전)

(길상사(서울) 지장전)

(대성사(여주) 극락보전)

(용추사(함양) 대웅전)

(각원사(천안) 성종루)

(수덕사(예산) 일주문)

(불갑사(영광) 범종루)

(송광사(순천) 대웅보전)

(황간향교(영동) 대성전)

(낙산사(속초) 보타전)

(개원사(광주) 일주문)

(화계사(서울) 일주문)

(개운사(서울) 일주문)

(개암사(부안) 일주문)

(동림사(김해) 일주문)

(대흥사(안강) 안양문)

(법흥사(영월) 일주문)

■ 위치에 따른 분류

위치에 따른 분류는 건축구조상의 평면형태와 용도상의 건축목적에 의해 결정되는 기둥의 배치에 관련된다. 위치에 따른 분류는 크게 세가지로 나누어 볼 수 있다. 건물 외곽을 둘러 싸고 있는 외진주 초석과 건물 내부의 내진주 초석 및 이에 속하지 않는 기타 초석으로 분류된다.

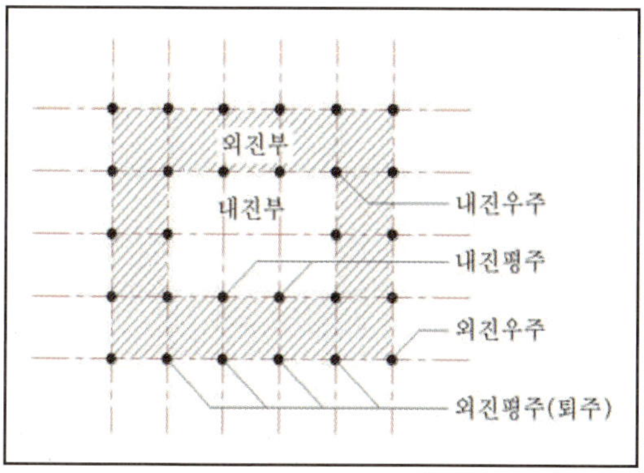

(1) 외진주 초석

외진주초석은 다시 평주초석과 우주초석, 퇴주초석으로 세분되고 평주초석은 건물의 정면과 측면, 배면의 초석으로 나눌 수 있다. 우주초석도 정면의 우주초석과 배면의 우주초석으로 나뉜다. 퇴주초석은 퇴칸이 달린 건물에서만 볼 수 있는 초석으로 청판이 깔릴 때와 그렇지 않을때에 따라 다르다. 퇴주초석 역시 퇴평주초석과 퇴우주초석으로 분류된다. 외진주초석은 이와 같이 일곱가지로 분류할 수 있다.

(2) 내진주초석

내진주초석은 소규모 건물에는 보이지 않으며 건물 평면이 넓고 건물 운두가 높을 경우에 있기 마련이다.

이 내진주초석에는 고주(高柱)초석과 단주(短柱)초석이 있고 목조탑에서는 심주(心柱)초석이 건물 중앙에 설치된다. 내진주초석은 이상의 세 종류로 구분된다.

(3) 기타초석

외진주초석류와 내진주초석류 외에 건축물에 부설된 초석들은 기타 초석류로 분류할 수 있다.

① 지대석

내, 외진주초석들을 연결시키는 연속초석, 즉 지대석은 기둥초석과 같이 상부의 하중을 직접 받지는 않으나 기둥초석의 수평이동을 방지하고 주벽선의 하중과, 기둥과 기둥 사이를 연결시키고 있는 하방(下枋)을 보강한다. 신방석(信枋石)도 지대석과 마찬가지의 역할을 하는데 문선주와 일각문 등의 기둥 하단을 받치고 있는 기초석이다.

② 동자석

동자석(童子石)은 건물 내부에 청판을 깔 경우 사용되는 동바리나 동귀틀, 장귀틀 멍에 등을 받치는 초석으로 마루바닥의 하중을 받는 석재이다. 일반적으로 호박돌이라고 부르는 자연석을 사용한다. 건물 외부에 난간을 부설할 때에도 난간 동자주 밑동을 받치는 데에 이용되는데 청판 밑을 고일 때와 같이 자연석을 사용하지 않고 가공하여 사용하는 경우도 있다.

(구례 운조루)

(양동마을 관가정)

③ 활주초석

활주(活柱)초석은 지붕의 추녀 부분 하중을 받고 있는 활주를 받치는 초석으로 기단부에 설치하는 석재이다. 가공하여 사용하는 경우가 많고 규모가 큰 건물에서 볼 수 있다.

(부석사(영주) 무량수전)

(선운사(고창) 대웅전)

(개태사(논산) 용화대보궁)

(관촉사(논산) 대웅보전)

(내소사(부안) 보종각)

(개암사(부안) 대웅보전)

(실상사(남원) 칠성각)

(서산향교(서산) 대성전)

(안의향교(합천) 재천루)

(통영향교(통영) 명륜당)

④ 수중초석

수중에 초석을 설치하는 때가 있다. 누각이나 정자 건물에서 볼 수 있는 초석인데 이 초석을 수중초석이라 말할 수 있다. 창덕궁 후원의 부용정, 관람정, 존덕정, 애련정 등에서 그 예를 찾을 수 있다.

(송광사(순천) 임경당)

(선암사(순천) 강선루)

(창덕궁(서울) 애련정)

(창덕궁(서울) 존덕정)

(창덕궁(서울) 관람정)

(선교장(강릉) 활래정)

(광한루(남원) 완월정)

3장. 전통건축 의장양식

1. 창호
2. 난간
3. 마루
4. 천정
5. 대문
6. 담
7. 기타

1. 창호

창호는 한옥에 사용된 창과 문을 총칭하는 용어다. 창호는 개폐형식, 살대의 형식 등에 따라 다양한 종류가 있다. 문은 사람이나 물건의 출입에 쓰인다. 문은 단순히 평면적인 문짝이라기 보다는 공간적인 문간의 성격을 가지며, 한 장소와 다른 장소를 구별시켜 주면서도 3차원적으로 연결시켜주는 매개공간의 특징을 가지고 있다. 우선 문으로만 사용되는 것에는 널판 등을 붙여 만든 판장문(板長門),골판문(骨板門)등이 있으며, 궁궐이나 서원 등의 대청에 사용한 불발기에는 완자살이나 정자살 모양을 짜넣은 것이 특징이다. 창은 건축물에서 벽면 또는 지붕에 설치하는 개구부(開口部) 중 사람이 출입하지 않는 문으로 채광, 통풍을 위하여 설치한다. 전통주택의 창은 창호지를 사용하였고, 문풍지가 붙어 겨울철의 추위를 막았다. 상류 주택에서는 일반적인 사각형의 창 외에 원창, 반월창 등을 사용하기도 하였다. 창으로 쓰이는 것에는 창이형태(울거미)를 짠 후 막대기 형태의 살을 일정한 간격으로 꽂아서 만든 살창이 대표적인데 건물의 벽 높직이 설치하는 교창(交窓)도 있다. 창호는 울거미에 살을 꽂아서 이룬 문양에 따라 구분하여 부른다. 예를 들어 살의 짜임새가 한자의 아(亞)자를 닮으면 아자창, 만(卍)자를 닮으면 완자창 정(井)자와 비슷하면 정자창이라고 한다. 살을 비스듬히 교차시킨 짜임새로 된 창이 빗살창인데, 이창살에 꽃무늬를 조각한 것이 빗꽃살이고 소슬무늬 형태의 꽃무늬를 새긴 것이 소슬빗꽃살이다. 우리나라의 경우는 중국처럼 기계적이지도 일본처럼 날카롭지도 않고 간결하면서 소박한 것이 특징이다.

1-1. 문

■ 출입을 위한 문

(1) 판장문

두께가 1.7촌 정도 되고 폭이 좁고 길이가 긴 널판의 상중하 3곳에 띠를 대어 1장의 넓은 판장처럼 만든 문으로 보통 주택의 부엌 출입문과 각종 광문, 그리고 방의 덧문으로도 사용되었다.

(송광사(순천) 하사당)

(장곡사(청양) 설선당)

(전등사(강화) 대조루)

(봉은사(서울) 판전)

(인천향교(인천) 명륜당)

(동래향교(부산) 대성전)

(여경구 가옥(남양주) 안채)

(점필재종택(고령) 사랑채)

(독락당(경주) 경청재)

(강화유수부(강화) 이방청)

(2) 골판문

얇은 널판을 한 장의 널판처럼 올거미와 띠로써 붙여만든 문으로 방의 덧문이나 대청의 뒷벽에 뚫은 창의 창호로 사용된다.

(선운사(고창) 만세루)

(병산서원(안동) 전사청)

(개령향교(김천) 명륜당)

(초계향교(합천) 대성전)

(태인향교(정읍) 대성전)

(소수서원(영주) 장서각)

(북촌댁(안동) 큰사랑)

(만회고택(봉화) 사랑채)

(삼가헌(달성) 사랑채)

(춘우재고택(예천) 사랑채)

(3) 불발기문

불발기문은 앞뒤로 한지를 두껍게 바른 맹장지의 가운데 부분에 직사각형, 팔각형 등의 울거미를 만들고, 그 속에 교살, 정자살, 완자살 등의 모양을 짜 넣는 문이다. 살이 있는 부분은 한쪽만 창호지를 발라 빛이 유입되게 하며 앉아 있는 이의 눈높이 정도에 설치한다. 보통 중류, 상류 주택의 대청과 방 사이에, 또 궁궐, 서원 등의 대청과 방 사이에 설치하였는데, 이 문은 들어 올릴 수 있는 분합문으로 문짝을 두짝씩 접어 들쇠에 매달게 되어 있다.

(수정사(의성) 대광전)

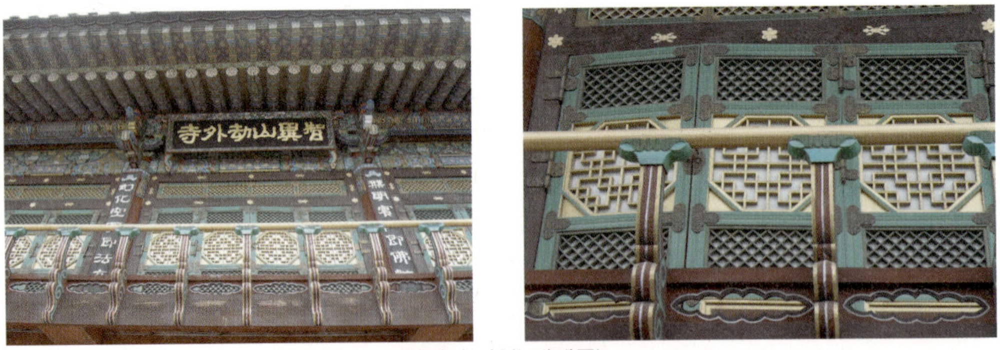

(겁외사(산청) 백해루)

(여래사(대전) 대웅전)

(진보향교(청송) 명륜당)

(용산서원(경주) 강당)

(덕천서원(산청) 사당)

(선병국가옥(보은) 사랑채)

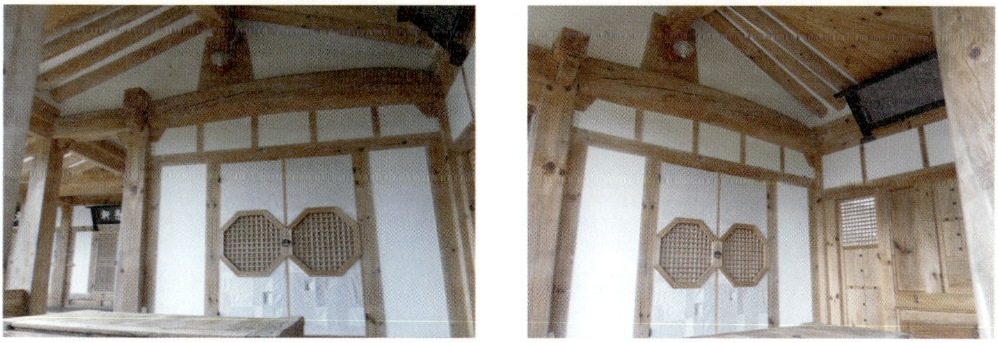

(최씨고택(경주) 사랑채)

(밀양관아(밀양) 내청당)

낙안동헌(순천)

(4) 맹장지

가는 실대로 문울거미를 짠 다음 양면에 두꺼운 종이를 발라 빛이 투과하지 못하도록 만든 문으로 방과 대청사이의 지게로 사용된다.

(5) 도듬문

도듬문은 골판지처럼 두꺼운 종이로 싸 바른 문이나 문울거미 부분만을 돋아나게 치장한 것으로 보통 방의 두꺼비집이나 두꺼비집속의 미닫이 창호로 사용된다.

(6) 분합문

분합문은 들어열개문으로 공간을 완전히 분리시키기도 하고, 통합시키기도 한다. 방과 대청은 대개 분합문으로 연결되어 있는데, 크기에 따라 사분합에서 팔분합까지 다양하다. 분합문을 들어 올려 열어 놓으면 마루와 온돌방은 하나의 공간이 되지만, 분합문을 닫아 놓으면 하나의 벽체처럼 공간을 분리하는 역할을 한다.

(개심사(서산) 대웅전)

(백련사(강진) 대웅보전)

(전등사(강화) 대웅전)

(전주향교(전주) 대성전)

(합천향교(합천) 명륜당)

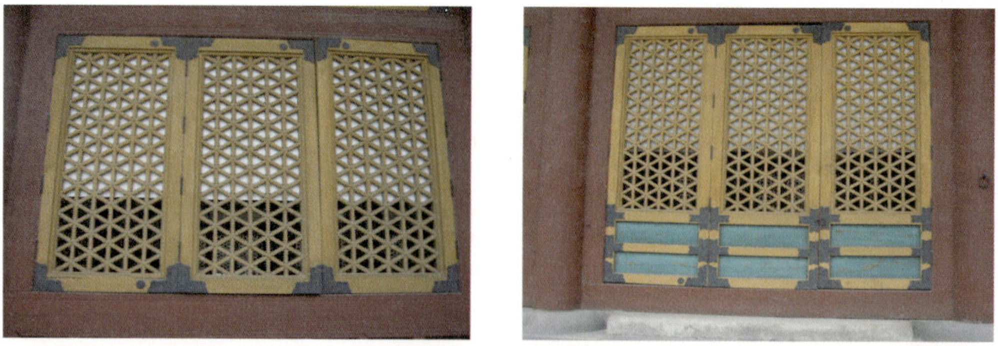

(덕수궁(서울) 중화전)

(허삼둘가옥(함양) 사랑채)

(전주객사(전주) 좌우익사)

(창경궁(서울) 명정전)

동경관(경주)

■ 여닫는 방법에 따른 분류

(1) 여닫이

문틀의 선대인 문선과 문짝의 울거미에 돌쩌귀(경첩)을 달아서 여닫게 만든 문을 말한다. 여닫이의 종류에는 안여닫이, 밖여닫이, 바깥여닫이, 외여닫이, 두짝 쌍여닫이 등으로 나뉜다. 안여닫이는 바깥에서 집안이나 방안으로 밀어서 열게 만든 문을 말하는데 안에서 빗장을 걸면 밖에서 열수 없게 되어 있다. 바깥여닫이는 안에서 밖으로 여는 여닫이인데 보통벽체위쪽에 높게 설치하는 창호나 각방의 바깥창호는 대개 밖여닫이로 하여 안에서 밖으로 밀어 열게 만든다.

(화엄사(구례) 영전)

(무위사(강진) 극락전)

(수종사(남영주) 삼정헌)

(오천서원(포항) 강당)

(광양향교(광양) 명륜당)

(봉암서원(장성) 사당)

(홍기창가옥(나주) 아래채)

(임청각(안동) 안채)

금성관(나주)

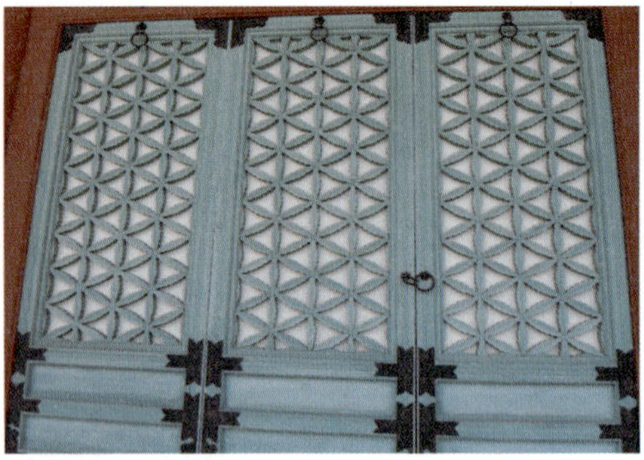

(경희궁(서울) 숭정전)

(2) 미닫이

문틀을 짤때 한줄 또는 두줄의 홈을 판 홈대를 아래위에 가로로 보내고 홈대에 문작을 끼워 두껍닫이(미닫이를 열 때 문짝이 들어가서 가리게 되는 빈곳)나 벽체속으로 밀어 넣은 방식의 문이나 창호를 말한다. 미닫이에는 외미닫이, 쌍미닫이, 맞미닫이 등이 있다.

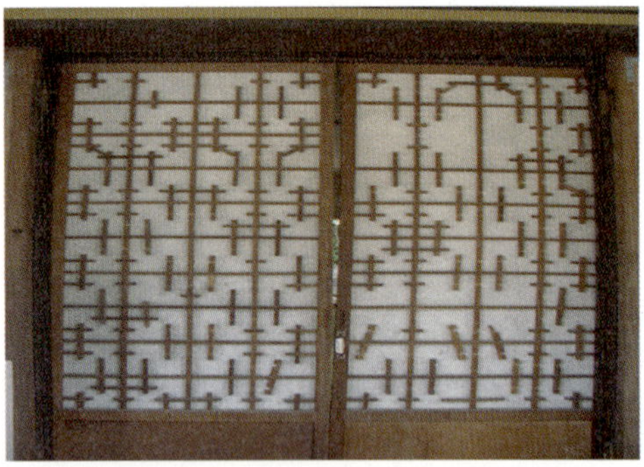

(불암사(남양주) 약사전)

(수종사(남양주) 경학원)

(벽송사(함양) 벽송선원)

(파계사(대구) 설선당)

(반야사(영동) 요사채)

(인량리마을(영덕) 갈암종택 사랑채)

(정온고가(함양) 안채)

(정여창고택(함양) 안채)

(향단(경주) 안채)

(정용채가옥(화성) 사랑채)

(3) 미서기

문틀의 아래위의 홈대에 문짝을 끼워서 문한짝을 밀어 다른 한짝 옆에 붙여 여닫는방법의 문을 말한다. 두짝미서기, 세짝미서기, 네짝미서기 등이 있다. 두짝미서기는 아래의 사진처럼 두짝의 문짝으로 구성된 미서기이다.

(최씨고택(경주) 사랑채)

(안의향교(함양) 서재)

(만산고택(봉화) 사랑채)

(괴시리마을(영덕) 사괴파종택 사랑채)

(선병국가옥(보은) 안채)

(창덕궁 낙선재(서울) 석복헌)

(오죽헌(강릉) 안채)

(정용채가옥(화성) 사랑채)

(맹씨행단(아산) 사랑채)

(창덕궁 연경당(서울) 안채)

(4) 들어열개문

문짝의 윗 울거미와 문틀에 돌쩌귀를 달아 문짝을 달고 이 문짝의 돌쩌귀반대편을 들어서 서까래나 기타 건축부재에 매단 들쇠(달쇠)에 얹어 열어 놓은 방법을 말한다. 이렇게 열고 닫는 문을 부르는 말은 많은데 그중에 들장지문, 들창, 거창, 거개라고도 한다. 들어열개가 만들어진 것은 고려말 이전으로 추정되며 고건축물 전반에 걸쳐 사용되어지고 있다. 네개의 문을 각각 두개씩 나누어서 달아매는데 이런문은 사분합 들장지라고 불리운다. 간살이가 넓은 건물엔 육분합

들장지문도 있는데 이런경우에는 바깥쪽의 문 두개는 같이 매달고 가운데의 두개남은 문은 각각 매단다. 문세짝씩을 접어 들어서 매단다면 무겁고 불편하기 때문이다. 폐쇄적이던 공간(대청)을 개방적인 공간으로 바뀌는 역활을 하며 두개의 나뉘어진 공간을 하나로 통합하는 기능과 통풍을 원활히 하는 기능이 있다.

(선병구가옥(보은) 안채)

(경복궁(서울) 자경전)

(창경궁(서울) 집복헌)

(창덕궁(서울) 낙선재)

(창경궁(서울) 영화당)

(선병국가옥(보은) 사랑채)

(농암종택(안동) 사랑채)

(추사고택(아산) 안채)

독수정(담양)

식영정(담양)

(5) 벼락닫이문

(6) 접이문

(7) 붙박이문

(8) 머름

머름이란 한옥 창호나 문 아래의 문지방 부분을 말한다. 한옥은 높은 기단위에 있고 머름이 있어서 마당에 있는 사람은 머름 아래의 방 상황을 알수 없다. 머름 아래는 절대적인 프라이버시 공간인 셈이다. 낮잠을 잘때도 굳이 창을 닫을 필요가 없어 더운 여름철에 더욱 요긴하다. 또한 겨울철의 온기가 밖으로 빠져나가는 것을 막는 역활을 하기도 한다. 머름높이에 의해 가구높이도 정해진다. 머름아래에 설치하는 문갑의 높이는 머름보다 1치정도 낮게 한다. 머름이란 나지막하게 설치한 창턱인데 나무로 정성스럽게 치장한 것, 높이는 보통 한자5치~8치가 정당하다. 머름은 조선시대 고급집의 법식인 자진머름과 시골집에 사용되는 통머름이 있다. 자진머름이란 머름중방을 설치하고 중방과 하방사이에 일정한 간격으로 짧은 기둥(머름동자)세운다음 그사이에 판자(머름청판)로 막아 마무리한다. 통머름은 머름동자 없이 판자를 이용해 통으로 머름을 만드는 것을 말한다. 자진머름에서 머름중방과 머름동자의 평평한 면이 그대로 노출되면 너무 단조로워 노출되는 바깥면에 두줄의 홈을 파서 요철을 주는 쌍사를 넣어 변화를 주기도 한다. 머름동자와 하방, 중방의 결구는 못을 사용하지 않고 정교한 맞춤(연귀맞춤)으로 한다.

(장경사(남양주) 대방)

(수종사(남양주) 경학원)

(역동서원(안동) 강당)

(두암고택(영주) 사랑채)

(창덕궁(서울) 대조전)

(연풍향교(괴산) 명륜당)

(운현궁(서울) 노락당)

(고재선가옥(담양) 사랑채)

(창덕궁(서울) 석복헌)

(남계서원(함양) 서재)

■ 문살모양에 따른 분류

문살의 모양에 따라 쓰임이 다르며, 바라보는 시선을 안정되게 보이기 위해 가는 홈 두 줄이 넓은 면이나 좁은 문살에도 세심하게 파여 있다는 것을 아는 사람은 얼마 없다. 그것은 옛날 궁궐의 회랑의 네모진 기둥 가운데 난 홈과 같은 이치이며, 위에서 내려오는 직선의 시선을 안정시키기 위한 보이지 않은 미적 감각의 발로였다. 그러나 벽사의 의미가 강하게 접목된 것이 바로 문살이다. 그 문살에는 중국 고대의 8진법이 펼쳐 있는가 하면 오도 가도 못하고 그 속에 갇혀버리기도 하며, 방으로 들어갈려는 입구를 찾아 뱅글뱅글 돌기만 하다가 그렇지 않아도 여기까지 오기가 쉽지 않았는데 그만 탈진해 버린 역신을 그냥 돌아서게 만드는 경우가 바로 문살에 있다. 그러고도 벽사제액(壁邪除厄)이라 하여 귀신을 물리치며 모질고 사나운 운수를 미리 액땜하는 고사까지 지내기까지 하였으니, 그 속에 우리 민족의 심성에 다산(多産)과 풍요와 발복(發福)신앙이 겹쳐져 생활 구석구석에 스며있음이다. 그런 문살의 종류도 다양하다. 모양이 매우 간단하며 깔끔한 기본적인 무늬로 단촐한 짜임새의 날살문이 있다. 이것은 주로 수도승의 선방에 어울리며 바라지창으로 쓰이는 문살이며, 날살문에서 한 단계 더 나아가 사치를 배격하고, 검소함이 우러나오는 띠살문이 있으며, 날살과 띠살을 서로 같은 칸으로 짜아 살칸이 많게 촘촘하게 짜아 아주 튼실한 우물살문이 있다. 또한 두 살을 서로 어긋나게 짜나가 마름모무늬의 우물살을 모로 뉘어 약간의 멋을 부린 빗살문이 있으며, 씨날살과 모든 빗살에 다양한 무늬를 연출하여 사방팔방 무늬로 도드라지게 만들어 규칙적이며 화려한 소슬살문이 있다. 그 외 문짝을 통째로 조각하여 짠 꽃나무 살문이 있는가 하면, 만(卍)자살문(완자문)과, 아(亞)자살문, 귀(貴)살문, 거북모양의 귀갑무늬살문 등 다양하게 있다.

(1) 날살문

날살문은 문틀 안에 세로로 살을 지른 형태이다. 여러 종류의 문살 가운데 가장 단순하고 원초적인 모습으로 문이 기능에 충실한 구조이다. 또한 이러한 날살 구조는 대부분 창문에 적용된다. 날살을 가진 절집 건물들을 보면 대체로 오래된 것이 많다.

(천은사(삼척) 범종각)

(남지장사(달성) 광명루)

(정암사(고한) 범종각)

(오어사(포항) 문)

(봉원사(서울) 범종각)

(안성향교(안성) 풍화루)

(곡성향교(곡성) 명륜당)

(지도향교(신안) 대성전)

(녹우당(해남) 대문채)

(정용채가옥(화성) 안채)

(2) 빗살문

빗살문은 날살과 띠살을 서로 어긋나게 겹쳐서 마름모꼴이 되도록 짠 문으로, 우물살을 모로 뉘어 약간의 멋을 부린 문살이라 할 수 있다. 일명 교(交)살문이라고도 불린다. 빗살문은 격자살문을 모로 뉘어 배치한 것으로서, 단조롭고 규칙적인 격자살문에 변화를 준 장점이 있다. 두 살이 만나는 교점에는 꽃무늬를 올려 돋보이게 하고 금강저를 꽃송이 대신 새겨 날카롭고 힘찬 모양으로 꽃의 잎을 대신하기도 한다. 남장사 극락보전, 신흥사 극락보전, 내소사 대웅보전, 쌍계사 대웅전, 불갑사 대웅전, 수덕사 대웅전을 비롯하여 고려시대 건축물에 나타나며 화엄사 원통전과 대웅전 등 대부분의 조선시대 사찰에서 빗살문을 찾아 볼 수 있다

(동화사(대구) 대웅전)

(수덕사(예산) 대웅전)

(역동서원(안동) 대웅전)

(내소사(부안) 대웅보전)

(언양향교(언양) 명륜당)

(연일향교(포항) 대성전)

(해남향교(해남) 대성전)

(홍기창가옥(나주) 아래채)

(허삼둘가옥(함양) 사랑채)

(정여창고택(함양) 안채)

(3) 띠살문

띠살문은 날살문에서 한단계 더 나아간 모양새로 날살문에 변화를 준 형태이다. 문틀에 상하로 살을 일정한 간격으로 두고, 좌우로는 상중하 세 단으로 나누어 가로살의 띠를 두른 것으로, 세로살만 두었을 때의 밋밋함을 가로살의 띠를 두어 보완하였다. 띠살문은 문살 가운데 장식을 절제한 담박한 모습이다. 띠살문은 우리 한국인에게 매우 친숙한 문이다. 면의 분할에서 오는 쾌적한 시각적 비례감은 띠살문이 갖는 최고의 예술성이다. 직사각형의 문틀에 길게 내리지른 세로살의 불편함과 피곤함에 세 단의 띠를 둘러 편안함과 쾌적함을 얻은 것이다. 방안에 앉아 빛에 비친 띠살문의 세 단의 띠를 보면서 우리 선조들은 天地人의 질서와 조화를 보았는지도 모른다. 초기에 나타나며 단출하고 깔끔한 주심포 맞배집의 문살로 쓰였으며 봉정사 대웅전 3칸 모두, 송광사 하사당의 문살들이 띠살문이다. 단출한 주심포 맞배집의 문살로 날살이 창에 세로로 놓이면 띠살은 가운데의 문살로 들어선다. 승려들이 거처하는 요사체에는 일체의 사치를 배격하는 검소함을 보여준다.

(보광사(파주) 대웅보전)

(봉원사(서울) 만월전)

(송광사(순천) 국사전)

(남장사(상주) 금륜전)

(노강서원(의정부) 사당)

(내산서원(영광) 강당)

(안의향교(함양) 명륜당)

(고령향교(고령) 서무)

(창경궁(서울) 숭문당)

(창덕궁(서울) 낙선재 수강재)

(4) 우물살문(격자살문)

날살과 씨살을 서로 똑같은 칸으로 짜나가 우물무늬를 만들어가는 무늬살문으로 일명 〈井字〉 살문 또는 우물살문이라고 한다. 살 칸이 많아지고 촘촘해졌으며 문짝도 더 튼튼해졌으며 일반 집에서 흔하게 많이 쓰는 문살이다. 아름다움은 별로 없지만 규칙적인 이음이 단아하게 보인다. 격자살문은 정확한 간격으로 얽혀 있어서 튼튼하고 견고하다. 따라서 그것이 주는 이미지도 다른 꽃살문에 비해 단정하고 강고하다. 격자살문은 부석사 무량수전, 장곡사 상대웅전, 은해사 거조암 영산전, 범어사 팔상전이 대표적이며 범어사 팔상전에서는 네잎 꽃송이를 새겨놓아 꽃문살이 더욱 아름답다.

(흥국사(남양주) 대웅보전)

(정암사(정선) 적멸보궁)

(부석사(영주) 무량수전)

(해인사(합천) 명부전)

(영천향교(영천) 명륜당)

(용궁향교(예천) 명륜당)

(임피향교(군산) 대성전)

(몽심재(남원) 사랑채)

(정용래가옥(화성) 안채)

(창경궁(서울) 문정전)

(5) 아(亞)자문

문짝의 살을 〈亞〉자 모양으로 짠 문이다.

(벽송사(함양) 벽송선원)

(대원사(산청) 천광전)

(내원사(양산) 선나원)

(지례향교(김천) 대성전)

(청송향교(청송) 대성전)

(선병국가옥(보은) 사랑채)

(정여창가옥(함양) 안채)

(정온고가(거창) 사랑채)

(창덕궁(서울) 연경당)

(창덕궁(서울) 낙선재)

(6) 용〈用〉자문

(위봉사(완주) 극락전)

(파계사(대구) 미타전)

(교동 손씨고가(밀양) 사랑채)

(하회마을 북촌댁(안동) 화경당)

(수도리마을(영주) 섬계고택 사랑채)

(남호구택(봉화) 안채)

(인량리마을(영덕) 갈암종택 사랑채)

(하회마을(안동) 충효당 사랑채)

(하회마을 남촌댁(안동) 별당채)

(하회마을 양진당(안동) 안채)

(7) 꽃살문

사찰 법당 문은 대개 꽃살문으로 되어 있다. 법당 문은 빗꽃살문, 또는 소슬빗꽃살문으로 된 것이 압도적으로 많고, 통판에 꽃문양을 투조한 것도 있다. 빗살문은 살대를 45도와 135도로 빗대어 교차시켜 짠 문으로 격자문을 45도 각도로 기울인 모습과 흡사하다. 빗살문에 장살(수직살)을 첨가한 것을 소슬빗살문이라고 부르는데, 빗살문보다 복잡한 형태를 갖추고 있다. 이 문살 위에 다시 여러 가지 꽃이나 추상적인 무늬를 새겨 장식성을 한층 더 높인 것이 있는데, 이것을 소슬빗꽃살문이라 부른다.

꽃살문에 주로 새겨지는 꽃의 종류를 보면, 연꽃, 모란꽃, 국화꽃, 해바라기꽃, 또는 백일홍과 같은 모양의 꽃도 있으며, 때로 정확한 이름을 알 수 없는 개념적 형태의 꽃들도 보인다. 꽃살문으로 볼만한 것은 부안 내소사 대웅보전 꽃살문, 논산 쌍계사 대웅전 꽃살문, 양산 통도사 적멸보궁 꽃살문, 속초 신흥사극락보전 꽃살문 등이 있다. 통판에 투조한 꽃문으로는 예천 용문사 대장전 윤장대의 연지수금꽃살문, 강화 정수사 대웅보전 꽃살문을 꼽을 수 있다. 이들 중에서 최고의 걸작품은 16세기경에 만들어진 내소사 대웅보전의 꽃살문과 용문사 윤장대의 꽃문, 그리고 정수사 법당의 꽃살문이다.

내소사 꽃살문은 현재 단청이 퇴색되어 화려함은 덜하지만 문양의 다양한 변화와 조화, 그리고 뛰어난 조각 솜씨가 보는 이로 하여금 감탄을 금치 못하게 한다. 대웅보전 전면에 모두 8개의 문짝이 달려 있는데, 소슬연꽃살문, 소슬모란꽃살문, 빗모란연꽃살문, 빗국화꽃살문으로 구성되어 있다. 특히 주목되는 것은 법당을 향해서 볼 때 오른 쪽으로부터 3번째 문과 6번 째 문이다. 문살은 45도 각 경사로 직교하여 짜여 있고, 그 교차점자마다 연꽃 봉오리와 활짝 핀 연꽃이 조각되어 있는데, 봉오리는 아래쪽에, 만개한 꽃은 위쪽에 배치되어 있다. 이러한 표현은 꽃봉오리가 시간이 지남에 따라 화려하고 성숙한 꽃으로 피어나듯이 불성의 깨우침의 단계를 꽃봉오리와 만개한 꽃에 비유한 것으로 생각된다.

논산 쌍계사 대웅전 문은 빗모란연꽃살문, 빗모란꽃살문, 빗국화꽃살문으로 구성되어 있다. 문살이 교차하여 형성된 6각형의 영역 안에 6장의 꽃잎을 가진 개념적인 꽃을 새겼다. 붉은색, 청색, 흰색으로 화려하게 채색되어 있으며, 같은 색의 꽃들은 일정한 그룹을 형성하고 있다. 한편, 통도사 적멸보궁의 문은 살을 60°각도로 교차시키고 그 교차점에 수직살을 댄 솟을빗살문이다. 각 문살의 교차점에 국화, 모란, 연꽃을 장식했다. 이름을 붙인다면 소슬국화모란연꽃살문이라 할 수 있겠는데, 같은 종류의 꽃들이 상하로 줄을 맞춰 나열되어 있는 특징을 보인다.

예천 용문사 윤장대의 꽃문-물고기, 연꽃 등을 통판에 투조하였는데, 민화풍의 서민 정서가 엿보인다. 용문사 대장전 안에 두 개의 윤장대가 있다. 모두 여덟 개의 창을 가진 구조로 되어 있는데, 부처님 왼쪽 편에 있는 윤장대의 창문은 모두 교살문이고, 오른쪽 윤장대의 창문은 섬세하고 화려한 꽃살문이다. 4개의 문은 꽃살창으로 되어 있고, 나머지 4개의 문은 빗살문창살로 되어 있다. 꽃살창은 꽃 새김을 한 살을 60도 각도로 교차시키고 그 교차점에 수직살을 댄 솟을빗꽃살문 형태와 통판 투조 기법으로 연꽃을 새긴 것 등 두 가지 종류가 있다. 특히 연꽃 사이를 유연히 헤엄치는 물고기, 상승의 기운을 타고 피어나는 연꽃의 묘사가 매우 사실적이어서 연 밭을 눈앞에 대한 듯하다.

법당 출입문짝 전체가 통판 투조 형식으로 되어 있는 것으로 정수사 대웅전 꽃살문이 유명하다. 정수사 꽃살문은 판장에 화병과 꽃을 그려 통째로 투각한 것을 문짝 중심부에 붙여 놓는 방식을 취했다. 사방연속이나 이방연속의 틀에 얽매이지 않고 연꽃, 모란, 국화꽃을 꺾어 화병에 꽂아 놓은 모습을 조각한 것은 부처님께 꽃을 바쳐 공양하려는 숭앙심의 직접적인 표현일 것이다. 이렇게 꽃병에 꽃을 꽂아 불전을 장식하는 것은 불전 공양구의 하나인 화만(花)에서 그 원류를 찾아 볼 수 있다.

① 통판투조꽃살문은 널판에 꽃나무나 기타 무늬를 통째로 새겨 문틀에 끼운 것이다. 그렇게 많은 수는 아니지만 성혈사 나한전을 비롯하여 정수사 대웅보전,선암사 원통전 어간,용문사 윤장대 등에서 통판투조꽃살문을 볼 수 있다. 성혈사 나한전은 정면 삼 칸인데 좌우 두 협칸에는 솟을빗꽃살문을 두었고 어간에는 통판을 투조한 꽃살문이 있다

투조된 무늬는 연꽃, 자라, 새, 물고기 등으로 연못을 배경으로 거기에 사는 다양한 생물들을 새긴 것이다

꽃살문을 만드는 일은 매우 손이 많이 가고 어려운 작업이다. 그런데 꽃살문을 만드는 소목장들은 여러 종류의 꽃살문 가운데 이 통판투조꽃살문 제작이 오히려 쉽다고 한다. 바탕그림을 통판에 대고 새기기만 하면 되기 때문에 다른 복잡한 꽃살문을 조합하여 만드는 것보다. 훨씬 수월하다는 말이다. 대체로 우리 절의 통판투조꽃살문 무늬는 정교하고 세련되기보다는 대범하면서도 수더분하고 어리숙하기까지 하여 마치 조선후기의 민화를 보는 듯하다.

(성혈사(영주) 나한전)

(정수사(강화) 법당)

② 솟을꽃살문은 가장 화려한 문 장식이다. 솟을살이 교차되는 부분에 모란,국화,연화 등의 꽃들을 새겨 넣고 단청하여 장엄한 것이다. 잎사귀 형태의 살에는 녹색으로 단청하고 꽃에는 청,적,백,황색으로 화려하게 꾸민다. 솟을꽃살로 장식된 사찰 건물들은 이루 다 열거할 수는 없다. 그러나 그 몇몇 예를 들어본다면, 통도사 적멸보궁, 신흥사 극락보전, 내소사 대웅보전, 용문사 윤장대 등의 꽃살문을 대표로 꼽을 수 있다. 내소사 대웅보전의 솟을꽃살문은 우리나라 최고 수준의 명품이다. 이 건물은 정면 삼 간 측면 삼 간의 다포식 팔작집으로 1633년에 중건하였다. 정면 어간에는 네 짝을,좌우 협간에는 두 짝씩의 꽃살문을 두었는데,문의 아랫부분에는 궁창을, 위에는 솟을민꽃살을,그리고 중앙부에는 화려한 솟을빗꽃살문을 장식하였다. 돋을새김된 모란,국화,연화의 단청은 사라졌지만 문 가득 만개한 모란은 꽃잎이 바람에 흩날리는 듯하고 싱싱한 국화는 정연한 모습이며,탐스러운 연꽃 봉오리는 다소곳하다. 살도 민살이 아니라 모두 잎사귀 형태로 조각하여 한층 정성을 다하였음을 알 수 있다. 희미하게 남은 단청에 누렇게 변한 나무의 속살이 고색창연함을 더 하는데, 세월의 흔적에도 불구하고 나무꽃의 화려함에는 변함이 없다. 단청이 사라지고 형태만 남은 여기에서 꽃살문의 진정한 모습을 본다

(불갑사(영광) 대웅전)

(마곡사(공주) 대광보전)

(기림사(경주) 대적광전)

(오어사(포항) 대웅전)

(내소사(부안) 대웅보전)

(범어사(부산) 독성전)

(금산사(김제) 대적광전)

(동화사(대구) 대웅전)

(흥국사(여수) 대웅전)

(송림사(칠곡) 대웅전)

(8) 솟대살문

솟대살문은 주로 절집의 요사채나 승방에 사용되고 있으며,그 변형인 범살문도 함께 찾아 볼 수 있다

전통건축에 자주 사용된 솟대살문은 띠살문과 함께 오랫동안 우리 생활과 친숙하여 정서적으로 쉽게 공감할 수 있는 문이다. 격자살이나 빗살문 만큼 견고하지는 않지만 사각형의 조합이 가져다주는 다양한 변화의 모습에서 미묘한 운치를 느낄 수 있게 하는 점에서 뛰어나다. 솟대살문의 사각형은 직사각형이다. 그것은 상하좌우로 연결되면서 불규칙한 공간 분할을 이루고, 간간이 등장하는 정사각형만이 변화를 자극한다. 공간이 분할되면서 생긴 부분들은 직사각형과 정사각형이지만 모두 사각형이기 때문에 단순하다. 살의 일정한 굵기에 의한 사각형의 나열이란 점에서 기본적으로 단순성을 지향하지만, 무질서한 듯이 배열된 사각형 공간 때문에 복잡성이 더불어 담겨진다. 그러나 그 같은 배열에 일정한 규칙이 있음을 어렵지 않게 읽어 낼 수 있으므로 시각적으로 전체적인 통합을 이루어 낼 수 있다. 한마디로 아주 단순한 도형이면서도 약간의 변화를 도입함으로써 수준 높은 미적 쾌감을 추구한 것이다

(보광사(파주) 만세루)

(창덕궁(서울) 낙선재)

(화방사(남해) 요사)

(선병국가옥(보은) 안채)

(선병국가옥(보은) 사랑채)

(9) 기타살문

문에 만(卍)자꼴을 넣어 문살을 짠 것으로 남장사 금륜전과 산청 율곡사 대웅전을 들 수 있다. 중국 발음의 완자문으로 불리우며 문짝 가운데 8모틀로 짜고 그 바깥 모서리에다 卍자꼴의 꾸밈새를 하고 있다. 사찰에서는 많이 쓰이지 않으나 궁궐을 비롯하여 양반집과 일반집의 마루와 방 사이에도 있으며 네모, 육모, 팔모 또는 둥근모양새를 만들어 넣기도 한다. 이런 무늬는 단아한 선비의 멋을 한껏 느끼게 만든다. 그 밖에도 귀(貴)자살 그리고 귀갑(거북)무늬살 등이 있다.

① 卍자살문

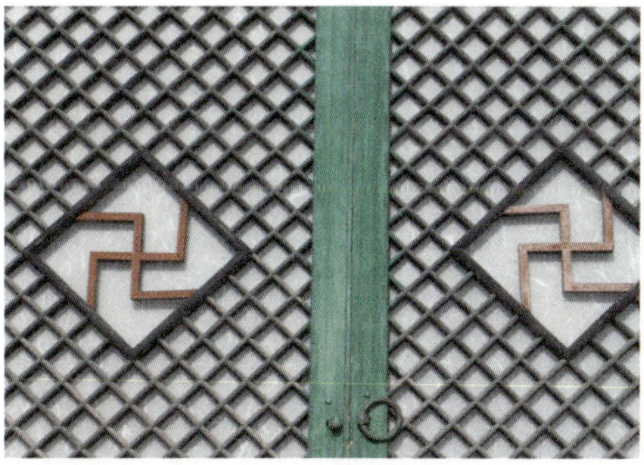

(임정사(성주) 극락전)

(성주사(창원) 염화실)

② 귀갑문

(봉선사(남양주) 방적당

(묘적사(남양주) 요사)

(영국사(영동) 심검당

(구룡사(원주) 설선당)

(묘적사(남양주) 선원)

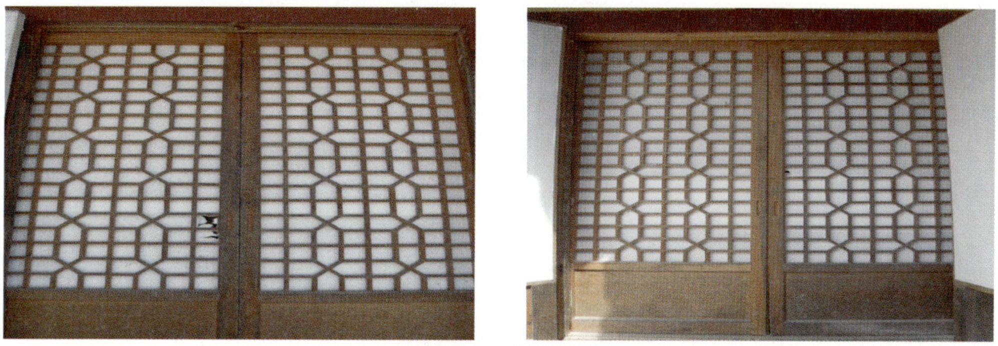

(쌍계사(논산) 명월당)

(정수사(강화) 오백나한전)

(선병국가옥(보은) 사랑채)

(필암서원(장성) 사당)

(단성향교(산청) 동재)

③ 기타

(대원사(양산) 산왕각)

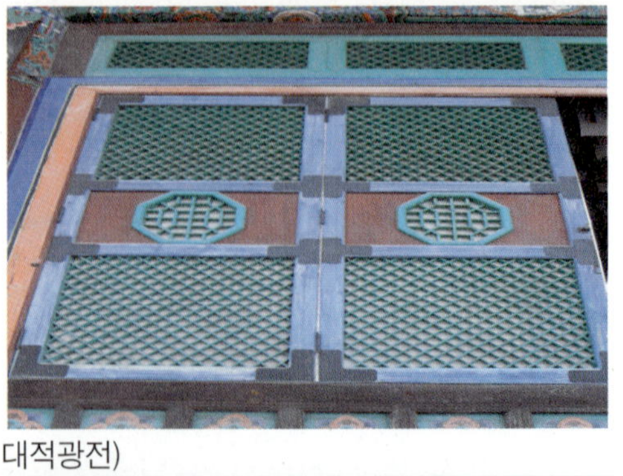

(해인사(합천) 대적광전)

(월정사 남대(평창) 기린선원)

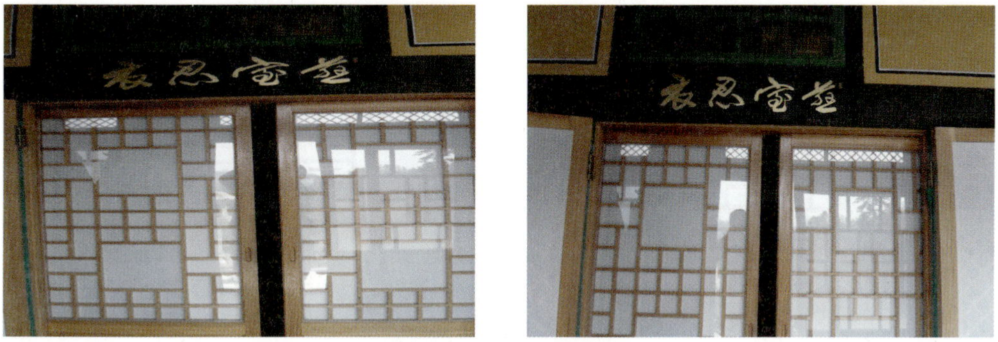

(월정사 동대(평창) 관음전)

(창덕궁(서울) 낙선재)

(경복궁(서울) 집옥재)

(창덕궁(서울) 승재정)

(창덕궁(서울) 상량정)

(예산향교(예산) 명륜당)

(등명낙가사(강릉) 요사채)

1-2. 창

목조 건물에서 통풍이나 채광을 위하여 벽에 만드는 작은 문으로 창문이라고도 한다. 창은 생긴 모양새에 따라서 교창, 귀갑창, 만자살창, 빗살창, 살창, 아자살창, 용자살창, 정자살창 등으로 분류한다.

■ 환기 목적용 창

살창, 교창 등이 있다.

(1) 살창

물울거미에 수직으로 꽂은 살대에 창호지를 바르지 않아 공기가 통하도록 만든 창호이다. 보통 부엌의 부뚜막 위쪽에 달아 조리할 때 생기는 연기나 김이 빠져 나가도록 한 환기창이다. 문짝의 높이에 따라 가로살대의 숫자를 조절한다. 단출한 짜임의 주심포 맞배집 창으로 나타나 초기에 쓰인 무늬임을 알 수 있다. 송광사 하사당, 봉정사 극락전, 부석사 조사당과 무량수전, 해인사 대장전, 은해사 거조암 영산전 등 시대가 올라간 건축물에서 한결같이 날살창의 예를 볼 수 있다. 특히 장중하고 단순한 주심포 맞배집이라면 날살창이 더할 나위 없이 잘 어울린다.

(부석사(영주) 조사당

(봉정사(안동) 극락전)

(해인사(합천) 법보전)

(해인사(합천) 수다라장)

(거조암(영천) 영산전)

(내소사(부안) 설선당)

(나주향교(나주) 대성전)

봉서원(안성) 서재)

(양동마을 향단(경주) 사랑채)

(양동마을(경주) 향단 안채 찬간)

(2) 교창

벽 위쪽에 채광을 위하여 가로로 길게 짜서 끼우는 창으로 주택의 부엌 벽이나 광의 벽에 높이 설치하거나, 주택의 정면 분합문 상부에 가로로 설치하는 창을 교창이라 한다. 장방형의 울거미를 짜고 살을 45도 경사각으로 교차시켜 짜 넣는다. 살의 문양에는 격자교살, 아자살, 만자살, 정자살 등이 있다.

(수정사(의성) 격외선원

(흥국사(여수) 심검당)

(정용채가옥(화성) 행랑채)

(정여창가옥(거창) 안채)

(양동마을(경주) 관가정 안채)

(교동손씨가옥(밀양) 안채)

(쌍벽당(봉화) 안채)

(정용채가옥(화성) 행랑채)

(연곡고택(봉화) 안채)

(정온고가(거창) 안채)

(3) 봉창

봉창은 환기나 일조를 위해 벽에 붙박이로 만든 창으로 크기가 작고 올거미가 없는 경우가 많다. 살림집에서는 부엌에 통풍을 위해 벽을 뚫고 살대만 대략 엮고 창호지를 바르지 않았기 때문에 마치 벽체속의 뼈대가 노출된 것처럼 보인다.

(개심사(서산) 무량수각)

(흑석사(영주) 요사채)

(임정사(성주) 요사)

(두암고택(영주) 안채)

(정온고가(거창) 곳간채)

(정여창가옥(함양) 안채부엌)

(도곡재(달성) 안채)

(개실마을(고령) 화산재)

(인동장씨종택(영주) 안채)

(송소고택(청송) 안채)

(4) 걸창

손님을 살피기 위하여 안채에서 대문과 사랑채 마당을 조망할 수 있는 창을 말하며 벼락닫이창 또는 번개닫이창이라 부르는 들창 형태의 창이다.

(병산서원(안동) 동재)

(양동마을 향단(경주) 행랑채)

(선병국가옥(보은) 안채)

(선산향교(선산) 명륜당)

(단양향교(단양) 동무)

반구헌(거창)

(정용래가옥(화성) 안채)

태인동헌(정읍)

(두암고택(영주) 행랑채)

(소수서원(영주) 일신재)

(5) 광창

실내에 빛이 들어오게 하기 위해 만들 창으로, 방의 위쪽이나 출입문 위쪽에 설치된 창이다. 본래는 고정되어 여닫지 못하게 된 창이나 때로는 여닫을 수 있게 구성된 것도 있다. 광창은 살대를 꽂아 만든 것과 살대를 무늬로 엮어 만든 것이 있다.

(영은사(삼척) 심검당)

(장경사(광주) 대방)

(성주향교(성주) 동무)

(청암사(김천) 진공루)

(안성향교(안성) 동무)

(대구향교(대구) 명륜당)

(하양향교(하양) 대성전)

(양동마을(경주) 창은정사)

(창덕궁 낙선재(서울) 석복헌)

(허삼둘가옥(함양) 안채)

■ 살대구성 등 창호모양

띠살, 용자살, 아자살, 정자살, 빗살, 소슬빗살, 귀갑, 숫대살 창 등이 있다.

(1) 띠살창

띠살창은 문울거미에 같은 간격으로 살대를 세로로 꽂은 다음 가로로 위쪽과 아래쪽에는 5줄, 가운데에는 7줄을 짜넣은 창호로 방의 덧창호나 지게 등으로 널리 사용된다.

(선운사(고창) 명부전)

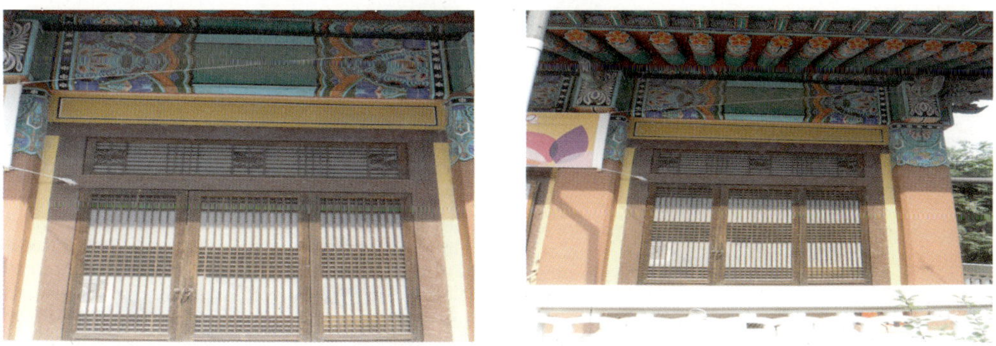

(불암사(남양주) 제월루)

(개심사(서산) 심검당)

(반룡사(고령) 수선당)

(양주향교(양주) 명륜당)

(군위향교(군위) 명륜당)

(신령향교(신령) 명륜당)

(인천도호부(인천) 동헌)

(하회마을 남촌댁(안동) 별당)

칠사당(강릉)

(2) 빗살창

창의 살을 45도와 135도로 서로 교차되게 찬 창이다. 궁궐이나 사찰에 흔히 이용된다.

(은하사(김해) 선정당)

(대흥사(해남) 강래재)

(동화사 비로암(대구) 보광명전)

(선운사(고창) 대웅전)

(삼계서원(봉화) 관물루)

(곡전재(구례) 안채)

(양동마을 낙선당(경주) 사랑채)

(남산 한옥마을(서울) 이승업가옥)

(정여창고택(함양) 대문채)

금성관(나주)

(3) 정〈井〉자살창

창살의 짜임새를 〈井〉자 모양의 무늬로 짠 창이다. 궁궐과 사찰 및 주택의 겉창으로 많이 쓰인다.

(장곡사(청양) 설선당)

(청암사(김천) 진공루)

(진주향교(진주) 대성전)

(성주향교(성주) 동무)

(장수향교(장수) 대성전)

(운곡서원(경주) 유연정)

(고산서원(안동) 사당)

(하회마을 북촌댁(안동) 큰사랑)

(몽심재(남원) 사랑채)

(미산고택(예천) 안채)

(4) 용〈用〉자살창

창살의 짜임새를 〈用〉자 모양의 무늬로 짠 창이다. 짜임새가 간결하여 사랑방과 같이 남성적인 공간에 많이 사용된다.

(양동마을 향단(경주) 안채)

(연곡고택(예천) 안채)

(수도리마을 오현고택(영주) 사랑채)

(부석사(충남 서산) 안양루)

(선병국가옥(보은) 행랑채)

(하회마을 양진당(안동) 안채)

(몽심재(남원) 안채)

(하회마을 북촌댁(안동) 큰사랑)

(쌍벽당(봉화) 안채)

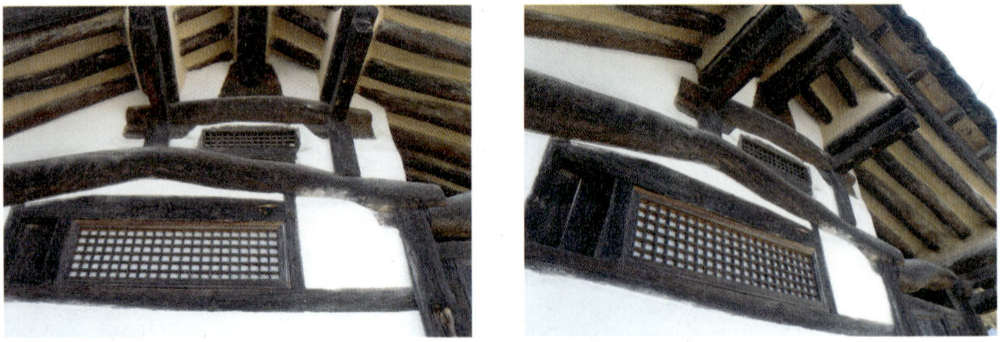

(개실마을(고령) 도연재)

(5) 아자살창

창살의 짜임새를 〈亞〉자 모양의 무늬로 짠 창이다. 짜임새 가 아기자기하여 안방과 같이 여성적인 공간에 많이 사용된다.

(범어사(부산) 보제루)

(파계사(대구) 미타전)

(대승사(문경) 청연당)

(묘적사(남양주) 다경실)

(범어사(부산) 침계료)

(통도사(양산) 금당)

(예산향교(예산) 명륜당)

(군산집(남양주) 안채)

(군산집(남양주) 사랑채)

(선병국가옥(보은) 안채

(6) 귀갑창

창의 살을 거북이의 등무늬모양으로 짠 창이다. 궁궐이나 누각에 주로 사용된다.

(부석사(서산) 선원)

(울진향교(울진) 명륜당)

(하회마을 북촌댁(안동) 작은사랑)

(동화사(대구) 설법전)

(용문사(예천) 응향각)

(7) 모틀창

(선병국가옥(보은) 사랑채)

(선병국가옥(보은) 안채)

(8) 만자살창

창살의 짜임새를 〈卍〉자 모양의 무늬로 만든 창으로 완자살창이라고도 한다.

(고운사(의성) 무설전)

(지림사(봉화) 원통전)

(9) 눈곱재기창

안에서 밖을 내다보기 위한 아주 작은 창으로, 출입문 곁에 난 조그마한 창을 눈곱재기창이라 한다. 출입문이나 광창에 유리를 박아 밖을 내다볼 수 있도록 한 창을 말한다.

(도산서원(안동) 농운정사)

(수도리마을(영주) 김부겸가옥 사랑채)

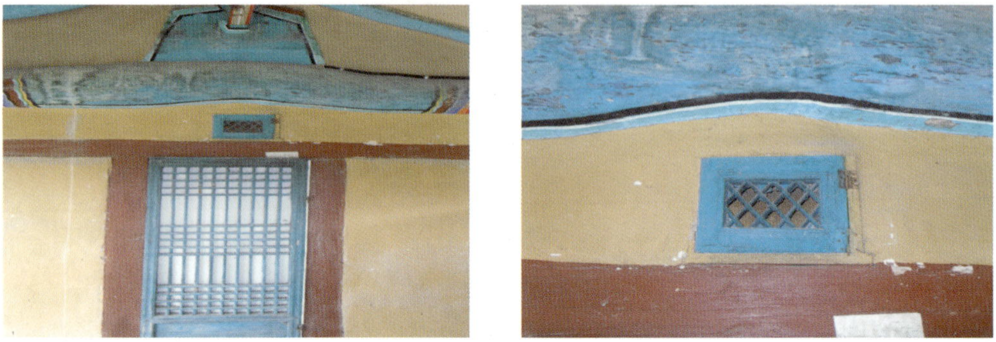

(남계서원(함양) 동재)

(수도리마을(영주) 오현고택 사랑채)

(도산서원(안동) 도산서당)

(개암종택(봉화) 안채)

(수도리마을(영주) 무송헌 사랑채)

(허삼둘가옥(함양) 안채)

(10) 기타

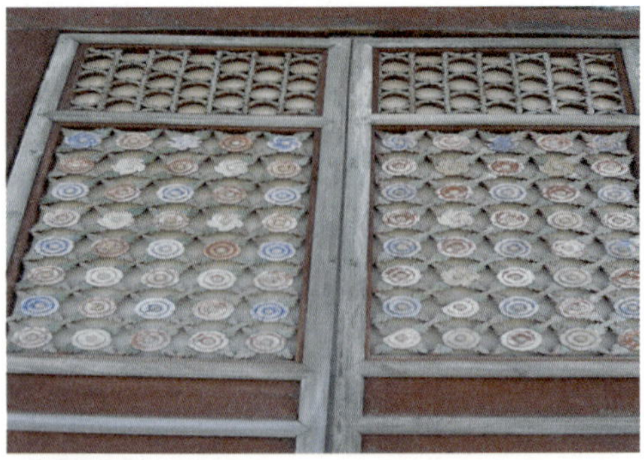

(쌍계사(논산) 대웅전)

(내소사(부안) 대웅보전)

(도갑사(영암) 유물전시관)

(김룡사(문경) 상선원)

(선암사(순천) 심검당)

(월정사(평창) 설선당)

(수정사(의성) 요사)

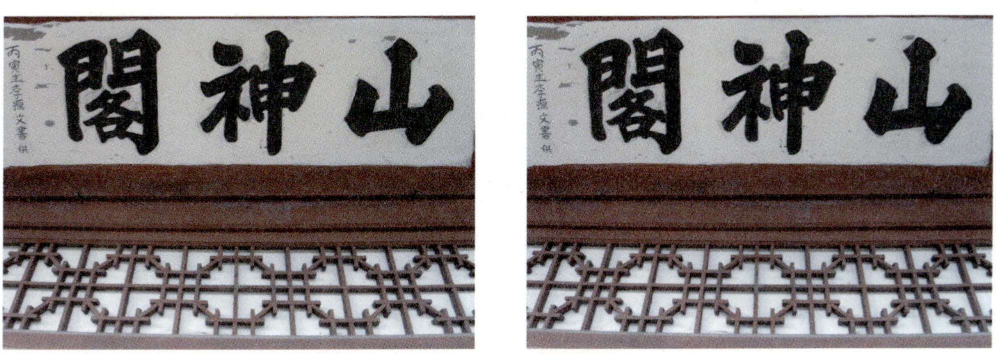

(대성사(여주) 산신각)

(윤두서고택(해남) 안채)

(고재선고택(담양) 사랑채)

(경복궁(서울) 집옥재)

(덕수궁(서울) 정관헌)

2. 난간

집이나 정자, 누각에서 바닥으로 떨어지는 것을 막아 주면서 내부와 외부를 연결시켜 주는 난간에도 우리 조상들의 멋과 풍류가 숨어 있다. 가장 많이 쓰였던 목조 난간은 평난간, 계자 난간의 두 종류로, 선의 아름다움과 꽃과 호롱 등 자연미를 동시에 갖고 있다. 난간은 건물의 일부분이면서 내부 거주자를 외부로 이끄는 완충 공간의 역할을 한다. 물론 난간이 생겨난 것은 지면보다 높은 바닥에서 사람이 떨어지는 것을 막기 위해서였다. 이런 연유로 외부에 만들어졌다. 외부에 설치되다 보니 집이나 누각을 꾸미는 치장재로도 쓰였다. 난간의 발생이 언제부터인지 확실하지 않지만, 고구려의 장군총, 백제의 동탑편, 통일신라의 안압지 등 삼국 시대 건축물에서 많이 발견되는 것으로 보아 삼국 시대 이전으로 추정된다.

2-1. 개요

난간은 높은 기단 바깥 누마루, 상층마루, 또는 평지붕 · 옥상지붕 주위에 둘러댄 것과, 계단옆 교량의 양가에 막아 세운 것이다. 이것은 높은곳의 갓둘레에 막아댄 구조물로서 인원의 추락을 방어하는 것이다.

난간은 그 목적 · 구조 · 형태 · 재료 · 위치 등에 따라 여러 종류가 있다. 상층마루에 두른 난간을 층란(層欄),누란(樓欄)이라 하며,기둥 바깥쪽 툇마루에 두른것을 헌함(軒檻)이라 한다. 회랑(回廊)에 두른 것을 회랑난간, 계단옆에 있는것을 계단난간이라 한다. 이외에 보좌, 불단의 주위에 두른 난간을 보란(寶欄)이라 한다.

2-2. 분류

난간은 재료에 따라 목조 난간, 석조 난간으로 분류된다. 이중 목조 난간은 누(樓), 정자(亭子), 툇마루 등에 가장 보편적으로 설치되었다. 드물게 보이는 석조 난간은 궁궐 정전(政殿)의 기단이나 돌다리에 주로 나타난다. 목조 난간은 그 모양이나 형태에 따라 평난간(平欄干)과 계자난간(鷄子欄干)으로 나눠진다.

(평난간)

(계자난간)

■ 재료에 따른 분류

(1) 목조난간

① 평난간

평난간은 계자 다리가 없는 난간으로 풍혈이 있는 난간청판 대신에 창호에 사용되는 살대로 여러가지 모양을 낸 난간을 말한다. 평난간은 중방(中枋)에 수직으로 엄지 기둥을 세우고 엄지 기둥에 수평으로 띠장과 두겁대를 넣은 형식이다. 엄지 기둥, 난간 동자, 띠장은 거의 사각 단면이며, 두겁대만이 사각과 원형의 단면을 이룬다. 또한 평난간은 궁창부를 단일층으로 하고 쌀짜임과 안상형(眼象形) 가운데 어느 하나만을 넣은 것이 특징이다. 두겁대와 띠장 사이에는 일정한 간격으로 받침대를 두어 두겁대가 휘는 것을 막았다. 이 받침대는 창덕궁 금원의 태극정처럼 호로병 모양이 있고, 창덕궁 낙선재처럼 꽃잎 모양이 있다. 난간의 궁창 모양도 장식재 역할을 톡톡히 한다. 평난간에는 창덕궁 낙선재처럼 궁창부에 창호의 창살 무늬 즉 〈亞〉 자살, 〈卍〉 자살, 빗살을 넣는 난간인 교란(交欄)이 있고 창덕궁의 소요정, 취규정처럼 안상의 형태로 뚫은 판으로 메운 안상형 난간도 있다. 궁창부의 널판에 꽃을 새긴 난간도 있는데 이는 경복궁 향원정에서 찾을 수 있다. 이외에도 창덕궁 승화루처럼 궁창부에 두 개의 빗살을 X자로 만들어 그 가운데 원형 살로 넣고, 난간 동자를 조롱 모양으로 만든 특수 형태의 난간도 있다.

- 亞자교란

(식영정(담양) 〈亞〉자교란)

(창덕궁 승재정 〈亞〉자교란)

(창경궁 양화당 〈亞〉자교란)

(창덕궁 낙선재 〈亞〉자교란)

(창덕궁 낙선재 석복헌 〈亞〉 자교란)

(창덕궁 낙선재 수강재 〈亞〉 자교란)

(창덕궁 흥복헌 〈亞〉 자교란)

(덕수궁 함령전 〈亞〉 자교란)

(양동마을 서백당 〈亞〉 자교란)

(무위사(강진) 범종각 〈亞〉 자교란)

- X자교란

(창덕궁(서울) 부용정)

(하회마을(안동) 남촌댁 별당채)

(정여창고택(함양) 사랑채)

(창덕궁(서울) 승화루)

(보령향교(보령) 동재)

(선병국가옥(보은) 안채)

- 안상형

(겁외사(산청) 율은재)

(봉정사(안동) 만세루)

(내소사(부안) 설선당)

(삼가향교(합천) 명륜당)

면앙정(담양)

(정여창고택(함양) 사랑채)

(창덕궁(서울) 청의정)

(창덕궁(서울) 폄우사, 안상형)

(사남고택(청송) 사랑채)

(강화유수부(강화) 이방청)

- 평난간

태고정(달성)

(경복궁(서울) 향원정 평난간)

(양진당(상주) 평난간)

(초간정(예천) 평난간)

(창덕궁(서울) 낙선재)

(민정기가옥(해남) 안채)

(운현궁(서울) 노락당 평난간)

(창덕궁(서울) 태극정 평난간)

명옥헌(담양)

(개령향교(김천) 명륜당)

② 계자난간

계자난간(鷄子欄干)은 일반적인 평난간에 대한 말로 누각이나 정자, 또는 양반집 사랑채에 있는 누마루의 가장자리에 설치한 것으로서 건물을 아름답게 꾸미거나 좁은 내부의 공간을 좀 더 넓게 쓰기위해 바깥으로 약간 튀어나가도록 설치한 것이다. 계자각은 생긴 모양을 따서 닭다리 또는 개다리라고 불리며 바깥으로 휘어지게 만든 것이다. 또 계자다리의 맨 밑부분에 붙는 치마널(치마판). 그 위의 판재를 궁판이라고 하며 궁판의 가운데 부분에는 구멍을 내고 외부의 바람이 통하게 하여 시야를 넓게 하는데 이를 풍혈(風穴), 즉 바람구멍이라고 한다. 이 풍혈은 보통 눈(眼)과 같이 생겼다하여 그 모양 또는 그 테두리의 문양을 안상(眼象)이라고 부른다.

궁판 위에 댄 부재는 보통 사람이 걸터앉을 수 있도록 하는데 이를 상방이라 하고 맨 위에 가로 댄 부재를 돌란대라고 한다. 또 이 돌란대를 난간두겁대나 손스침이라는 순우리말을 쓰기도 한다. 손스침과 계자각을 고정하는 부재로는 하엽이라는 것이 있는데 이는 연꽃 모양으로 장식한다고 해서 붙여진 이름이다. 또한 이 사진에는 없지만 궁판과 치마널 사이에 지방(地枋)이라는 각목을 대기도 한다

계자난간은 중방에 세운 난간 동자를 계자각(鷄子脚)으로 하고, 이 위에 두겁대를 설치하여 두겁대가 바닥 끝에서 돌출되게 만든 양식이다. 계자 난간은 궁창부가 단층인 것과 이층인 것 두 가지가 있다.

단층 궁창부에는 안상형이 주로 나타나는데 창덕궁 금원 주합루에서 볼 수 있다. 이층 궁창부이면서 꽃새김된 것으로는 경복궁 향원정 난간을, 안상형으로 새겨진 것은 창덕궁 낙선재 정자 난간을 들 수 있다.

(병산서원(안동) 만대루)

(운조루(구례) 사랑채)

(구암서원(대구) 서재)

(양동마을(경주) 심수정)

(양동마을(경주) 관가정)

(쌍벽당(봉화) 사랑채)

(임청각(안동) 사랑채)

(청암사(김천) 자양전)

(몽심재(남원) 사랑채)

(단성향교(산청) 동재)

(2) 석조난간

① 석계난간 : 기단의 둘레에 설치하거나 석조계단의 양측에 설치하는 난간 기단에 설치하는 석조난간은 화강암석의 엄지기둥과 하엽 동자 (荷葉童子)를 세우고 이 위에 팔각 회란석(廻欄石)을 엊는 것이다. 석계난간은 불국사처럼 회란석을 동자주가 받치고 있는 형상과 통도사 대웅전 석계에서 처럼 한 장의 돌로 처리된 두가지 형이 있다. 경복궁 근정전 석계에는 석수를 얹어 놓는 엄지기둥과 하엽으로 난간동자를 하여 그 위에 회란석을 얹게 되어 있다.

(학림사(서울) 청학루)

(불국사(경주) 연화칠보교)

(불국사(경주) 청운교백운교)

(통도사(양산) 대웅전 금강계단)

(불회사(나주) 대양루)

(월정사 중대(평창) 비로전)

(법흥사(영월) 적멸보궁)

(덕수궁(서울) 중화전)

(경복궁(서울) 근정전)

(도갑사(영암) 해탈문 계단)

② 석교난간 : 다리에 설치하는 난간

(경복궁(서울) 영제교)

(창경궁(서울) 옥천교)

(창덕궁(서울) 금천교)

(불국사(경주) 청운교백운교)

(석남사(울산) 청운교)

■ 구조상 분류

(1) 벽난간(壁欄干,parapet)

(2) 부란(扶欄,bulustrade)

(3) 동자기둥난간(童子柱欄干)

■ 난간높이 · 형태상

(1) 평란(平欄)

(2) 고란(高欄)

(3) 곡란(曲欄),구란(勾欄)

곡란층제(曲欄層梯)란 계단난간이 꺾이어 들거나 휘어오른듯이 꾸민 층층대를 말하며,고대 난간양식으로 미루어 모서리 등에서 난간두겁대의 끝머리가 휘어 오른 것을 뜻하기도 한다. 교란을 구란(勾欄)이라고도 하며, 높게 만든 난간을 고란(高欄),낮은 것을 평란(平欄)이라 한다.

■ 구성재의 모양상

(1) 교란(交欄)

난간동자기둥 사이에 가는 살을 짜서 장식한 난간을 교란이라 하며, 살의 모양에 따라 아자교란(亞字交欄),완자교란(卍字交欄),빗살교란(料箭橋脚) 외에 여러가지 고안으로 된 것이 있다. 교란도 아랫쪽에 궁창판을 두고 위에 살을 짜서 넣은 것과 살만을 짜서 넣은 것이 있으며, 그 위쪽에는 하엽, 호리병, 동물상, 소로 등을 받쳐서 난간두겁대를 댄 것도 있다.

엄지기둥은 지방이나 툇마루의 여모귀틀 등에 긴장부로 맞추고 띠장,동자주는 모두 장부맞춤으로 하고 이음맞춤자리에는 철물로 보강한다. 궁창판, 살 등의 맞춤은 모두 창호의 맞추과 같고 띠장, 동자기둥은 계자난간과 같다. 하엽, 호리병 등의 장식은 상하 촉꽂아 고정하고 동자기둥 위에 있을 때는 장부를 내어 맞추기도 한다. 밑에 머름판(遠音板)을 짜고 머름중방(遠音中枋) 위에 동자기둥으로 돌란대를 받친 난간도 있다. 이것을 머름궁창난간이라 한다. 또 머름궁창에 안상을 새기거나,머름궁창 위에 안상판을 끼우고 그 위에 교란을 넣어 짠 난간도 있다.

① 아자교란(亞字交欄)

② 완자교란(卍字交欄)

③ 파완자교란

■ 난간동자의 모양상

① 계자난간(鷄子欄干) : 개다리난간(狗足欄干)

② 하엽동자난간

③ 조롱동자난간

■ 기타

(1) 계단난간(階段欄干)

계단난간은 계단옆판에 동자주를 세우고 밑에는 계단착고 판을 끼우고,띠장 위로 하엽 등의 장식을 놓아 계단 두겁대를 건너댄다. 상하층에는 엄지기둥을 마루귀틀 또는 계단옆판 받이보에 긴장부로 맞춘다.

동자기둥은 일정한 간격의 수직으로 세우고 계단옆판 · 난간두겁대 또는 띠장에도 장부로 맞춘다.하엽도 수직상태로 하며 경사난간에 직각으로 놓는 것은 좋지 않다. 상층수평난간과 계단난간이 합쳐지는 곳의 엄지기둥은 두 개를 세우든가 넓은 것을 써서 양쪽 계단난간이 물리게 한다. 계단난간은 건들거리거나 이동이 없게 ㄱ자쇠, T자괴, 감잡이쇠 등으로 각 부재를 연결하여 둔다.

(2) 따낸옆판 계단난간

따낸옆판은 서구식 계단을 본딴 것으로 동자기둥은 호리병 모양으로 갈이기계를 써서 만들고 위에 난간두겁대를 얹는다. 동자기둥의 상하는 장부맞춤으로 하며, 특히 밑은 긴장부로 디딤판을 꿰뚫고 계단옆판에까지 이르게 한다. 동자기둥은 보통 한 디딤단에 하나씩 배치하지만 의장에 따라서는 쌍기둥을 쓸 때도 있다. 난간두겁이나 따낸 옆판에는 쇠시리하여 장식한다.

3. 마루

3-1. 마루 놓는 방법에 의한 분류

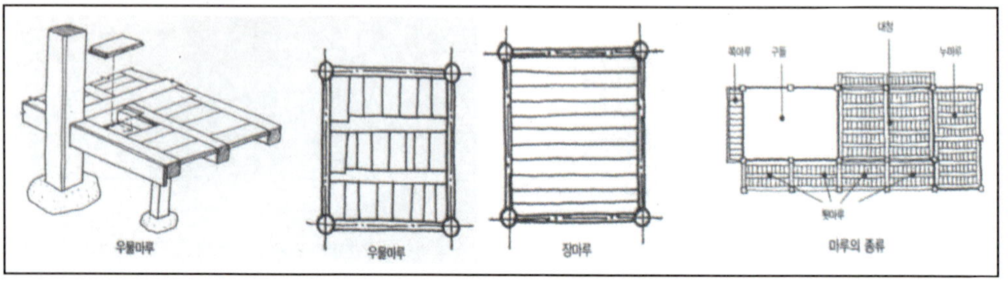

■ 우물마루

한옥에서 많이 쓰이는 마루깔기 형식으로 마치 우물정(井)자와 같이 깔았다고 하여 붙인 이름이다. 우물마루를 만들려면 기둥과 기둥사이에 장귀틀을 걸고, 장귀틀 사이에 다시 장귀틀과 모양은 같지만 짧은 동귀틀을 걸고 동귀틀 옆에 길게 홈을파서 여기에 마루 청판을 끼워 마감한다.

(고산서원(안동) 강당)

(양동마을(경주) 두곡고택 사랑채)

(양동마을(경주) 두곡고택 사랑채)

(양동마을(경주) 서백당)

(오죽헌(강릉) 바깥채)

(정용래가옥(화성) 사랑채)

(소쇄원(담양) 광풍각)

세병관(통영)

진남관(여수)

(하양향교(하양) 동재)

(몽심재(남원) 사랑채)

(내산서원(영광) 강당)

■ 장마루

기둥사이에 장선을 일정한 간격으로 걸고 그 위에 폭이 좁은 긴 마루널을 깔아 마감한다. 장마루는 한 방향으로 걸린 귀틀 위에 폭이 좁고 긴 마루장을 촘촘히 이어 붙여 깐 마루형식이다.

(봉은사(서울) 선불당)

(봉암서원(장성) 동재)

(양동마을(경주) 관가정)

(장흥향교(장흥) 동재)

3-2. 마루용도에 의한 분류

■ 툇마루

고주와 평주사이 전면 툇간에 설치되는 한옥의 보편적인 마루를 가리키며 마당과 방 사이에 놓인 완충공간으로 쓰임새가 아주 다양하다. 툇마루는 기둥 안에 길게 연결된 마루를 뜻하는데 보통마루의 바깥쪽은 터 놓기도 하지만 창호를 달아서 현대의 건축물의 복도의 형식을 취하기도 한다. 퇴칸은 보통 외부에 개방되어 있으면서 안방과 건넌방, 대청 등의 동선을 연결하는 역할도 하며, 신을 벗지 않고도 걸터앉을 수 있는 편리한 마루이다.

(도갑사(영암) 심검당)

(도피안사(철원) 설법전)

(송광사(순천) 하사당)

(화암사(완주) 적묵당)

(소수서원(영주) 강당)

(영천향교(영천) 서재)

(산청향교(산청) 서재)

(군위향교(군위) 서재)

몽심재(남원)

(운강고택(청도) 안채)

■ 대청마루

마루중 가장 넓은 마루를 의미하며, 대개 안방과 건넌방 사이에 놓인다. 이것은 집의 구조중에 한칸 또는 여러칸을 마루를 깔아서 만든 것이다. 사대부 가옥에 설치되는 넓은 마루로 제사를 치르는 장소로서 의미가 컸다. 보통 4칸 대청이지만 대갓집에서는 6칸 대청을 둔사례도 있다. 대청은 우물마루로 하는 것이 대부분이며 전면은 트여있고 뒷면은 우리판문을 다는 것이 보통이다. 대청은 여름을 시원하게 나게 하며 대청과 방 사이에는 분합문이 달려 있어서 분합문을 들어 걸면 하나의 큰 공간으로도 통합한다.

(부석사(서산) 안양루)

(경주향교(경주) 명륜당)

(하양향교(하양) 명륜당)

(김제동헌(김제) 내아)

(병산서원(안동) 강당)

맹씨행단(아산)

(양동마을(경주) 무첨당)

(도산서원(안동) 강당)

(만회고택(봉화) 안채)

(하회마을 양진당(안동) 안채)

■ 쪽마루

기둥 바깥쪽에 좁은 폭으로 설치되는 마루로 툇마루와 혼동하는 경우가 많으며 툇마루는 평주 안쪽에 만들어 지지만 쪽마루는 평주 바깥쪽에 만들어진다. 쪽마루는 외진주 밖으로 덧달아낸 마루이다. 마루의 한쪽은 외진주에 의존하지만 바깥쪽은 따로 기단에 짧은 동바리 기둥을 받쳐 마루를 놓게 된다. 쪽마루는 보통 건물의 측면이나 후면의 보조출입문 쪽에 달아서 드나드는데 편리하게 한다. 쪽마루는 툇마루보다는 폭이 좁으며, 보통 장마루로 만드는 경우가 많다.

(송광사(순천) 도성당)

(광덕사(천안) 보화루)

(광양향교(광양) 서재)

(선교장(강릉) 행랑채)

(낙선재(서울) 석복헌)

(양동마을(경주) 향단 안채)

(운현궁 이로당)

태고정(달성)

(만회고택(봉화) 사랑채)

(선병국가옥(보은) 사랑채)

■ 누마루

누마루는 지면으로 부터 높이 띄워 지면의 습기를 피하고 통풍이 잘 되도록 한 누각 형식의 마루칸을 말한다. 이것은 대청마루랑 연결되어 있기도 하다. 보통 누마루에 돌란대를 두루고 계자난간을 사용하기도 한다. 양반가에서는 보통 사랑채 한쪽에 누마루를 놓는 것이 일반적인데 이는 소신후기부터 시작되었다. 원래는 원두막처럼 생긴 누각건물이 따로 만들어졌었는데, 이것이 살림집의 사랑채에 붙기 시작한 것이 조선후기부터이다. 누마루는 보통 우물마루로 만들어지며 여름에 사용하는 공간이다.

(양동마을(경주) 관가정)

(양동마을(경주) 심수정)

운조루(구례)

(묵와고택(합천) 사랑채)

(단성향교(산청) 동재)

(최참판댁(하동) 사랑채)

(삼가헌(달성) 별당)

(고정주가옥(담양) 안채)

(만회고택(봉화) 사랑채)

(정여창가옥(함양) 사랑채)

■ 들마루

들마루는 까치구멍집의 봉당과 같은 곳에 설치하는 것으로 이동이 가능한 마루를 말한다. 겨울에는 보통 봉당에 들마루를 놓았다가 여름에는 밖으로 내놓아 평상처럼 사용한다. 때로는 쪽마루를 들마루 형식으로 하는 경우도 있다.

■ 헌함

건너방이나 누각, 대청의 밖으로 돌아가며 놓은 작은 마루를 뜻한다.

(해월헌(울진) 사랑채)

(해우당고택(영주) 사랑채)

(쌍벽당(봉화) 별당)

(수도리마을(영주) 만죽재 고택)

4. 천장(天井,天障;반자,盤子)

4-1. 개요

천장은 건물내부의 기둥 윗부분의 총칭이며 가구재가 노출되거나 은폐됨에 관계없이 천장이라 불리워진다. 즉 지붕밑, 위층의 바닥밑 또는 그것을 가려 막아 수장한 반자를 지칭한다. 지붕의 이면에 해당하되 그 이면 중에서도 벽체의 안쪽을 칭하는 것으로, 주도리 밖의 들연부분은 처마라 해서 구분하여 말한다. 천장은 가구 구조상 필연적으로 생긴 것이 있고 의도적으로 천장시설을 한 것이 있어 전자의 것을 구조천장(構造天障)이라하고, 후자의 것을 의장천장(意匠天障;장식천장)이라 할 수 있다.

구조천장에는 연등천장(삿갓천장),귀접이천장(抹角天障, 鬪八天障)등이 있고, 의장천장에는 우물천장(격자천장), 빗천장(斜天障), 층급천장(層級天障),닷집 등이 있다.

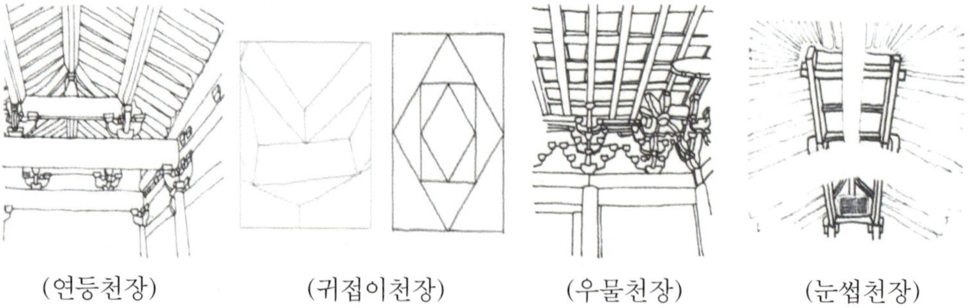

(연등천장) (귀접이천장) (우물천장) (눈썹천장)

4-2. 종류

■ 구조천장

(1) 연등천장(삿갓천장)

움집, 귀틀집, 토담집, 오두막집, 초가집 등이나 이동식 여막집을 구조할 때에는 서까래 사이의 연골을 앙토(仰土)하지 않아서 산자를 엮은 부분이 휀히 들여다 보이는데 비해 기와집이나 공청에서는 연골을 앙토하여 산자가 보이지 않도록 정리하거나 널빤지로 서까래사이를 덮어 정리하는 수도 있다. 전자를 삿갓천장이라 부르고, 후자를 연등천장이라 부른다. 이 천장의 특색은 가구재인 보로부터 지붕 구조재인 서까래까지 한눈에 보이게 되어 건물내부를 장엄하게 느끼게 한다. 그리고 이 천장 집은 대략 주심포계통의 양식을 지닌 집으로, 주심포계 양식을 열거하는 중에 이 연등천장의 구성도 손꼽힌다.

(개심사(서산) 대웅전)

(부석사(영주) 범종루)

(부석사(영주) 조사당)

(수덕사(예산) 대웅전)

(전주향교(전주) 명륜당)

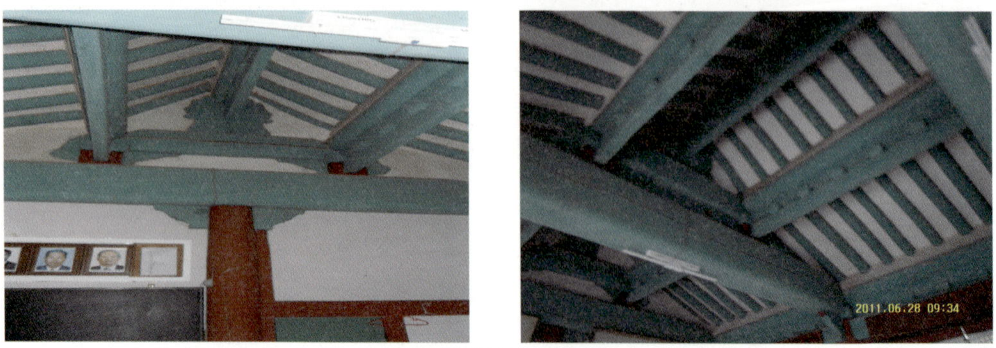

(남양향교(화성) 명륜당)

(병산서원(안동) 만대루)

(옥산서원(경주) 독락당)

영남루(밀양)

광한루(남원)

(2) 귀접이천장(抹角天障, 鬪八天障)

귀접이천장의 초보적 구성에는 대들보가 소용되지 않는다. 대부분 귀틀집에서 응용하는데, 귀틀로 말을 짜서 실(室)을 구성하고 그 높이에서 굵은 나무로 〈井〉 자형의 광정틀을 구성한다. 이것만으로는 지붕 낙수면의 경사도가 이루어지지 않고 〈井〉자형의 간격이 넓어 지붕을 덮기도 어려우므로 〈井〉자형 틀을 몇 켜 덧쌓는다. 그냥 치켜 쌓는 것이 아니라 〈井〉자형 위로 〈井〉자형이 되도록 쌓는 것이어서 저절로 형을 ◇ 형으로 귀를 접는 기법에 따르게 된다. 즉 목조건축에서 주로 모임지붕형식 즉, 4모정, 6모정, 8모정 등에 가구 구성상 필연적으로 지붕물매를 만들기 위해 모서리를 귀접이 하여 층층이 보나 도리를 45°각으로 오그려 짜올린 천장이다.

(보탑사(진천) 삼층목탑)

(화계사(서울) 삼성각)

■ 의장천장

서까래가 숨겨지도록 자재를 써서 가린 구조물을 반자라 하고, 반자로 꾸민 천장을 반자틀천장이라 부른다.

(1) 우물반자(격자천장)

천장 구성 중에서 가장 고급스러운 구조이다. 대들보와 도리에 의지하고 수평이 되도록 각재들을 일정한 간격을 두며 건너지른다. 반자틀의 장다리가 된다. 장다리 사이에 역시 같은 넓이의 간격이 되도록 고려하면서 짧은 각재를 끼운다. 동다리가 된다. 장다리와 동다리가 울거미를 이루면 〈井〉자형이 연속되는 형상이 되며 반자틀이 완성된다. 이 틀에 널빤지를 간격에 맞도록 일정하게 다듬은 청판을 덮게 되는데, 청판만 그냥 덮는방식과 소란대를 설치하고 덮는 두가지 기법이 있다. 소란대가 있는 반자를 소란반자라 하며, 궁전 · 법당 같은 최고급 건물에 만든다. 이런 천장에는 아름답게 단청되어 장엄되는 것이 보통이다. 우물반자를 천장의 대명사처럼 사용하기도 한다. 문헌기록에는 이를 순각반자라고 기록하였다. 우물천장은 살림집에서는 잘 볼 수 없고 궁궐이나 사찰등에서 주로 사용되었다.

(선암사(순천) 대웅전)

(봉정사(안동) 대웅전)

(운주사(화순) 대웅전)

(보림사(장흥) 대적광전)

(금산사(김제) 미륵전)

(부석사(영주) 안양루)

(마곡사(공주) 대웅보전)

(동림사(김해) 대원보전)

(세병관)

(창경궁 통명전)

(2) 층급천장(層級天障)

건물내부에서 높고 얕게 층단을 두어 설치한 천장이다. 7량가의 경우에는 중도리사이 종량 위치에 가장 높은 우물천장을 시설하고 중도리와 하중도리 사이에는 한단 낮게 하중도리 높이에서 천장을 만들며 9량가일 때에는 중종량 높이에 가장 높은 천장을 시설한다.

(3) 빗천장과 닷집

이 두 천장은 건물 안의 일부에 시설된 천장이다.

① 닷집

사찰의 본전이나 궁전의 정전 등에서 볼 수 있다. 즉 건물내부에서 부처님이나 천자의 전유공간을 다시 한번 강조하여 주고자 시설된 천장으로 우물천장이나 연등천장 어느 곳에서나 시설된다. 우물천장에 닷집이 부가될 때에는 우물천장 일부를 4각 또는 8각으로 오려내고 그곳에 한층 높게 시설하며 연등천장일 경우에는 별설로 천장을 따로 만들어 가구재에 매달아 설치한다.

(화엄사(구례) 원통전, 보궁형)

(화암사(완주) 극락전, 보궁형)

(쌍계사(논산) 대웅전, 보궁형)

(개심사(서산) 대웅전, 운궁형)

(남장사(상주) 보광전, 운궁형)

(숭림사(익산) 보광전, 운궁형)

(창덕궁(서울) 명정전, 보개형)

(무위사(강진) 극락전, 보개형)

(선암사(순천) 원통전, 불전형)

(송광사(순천) 관음전, 운궁형)

② 빗천장

건물내부 언저리의 상부구조를 은폐시키며, 내목도리와 중도리사이에 시설된다. 빗천장의 대표적인 예는 화엄사 각황전이다. 이 건물은 중층 7량집인데 중도리사이에 우물천장을 시설하고 전면쪽은 중도리로부터 내목도리까지 길게 빗천장을 시설하였다.

(화엄사(구례) 각황전)

③ 순각천장(巡閣天障)

이 천상은 기둥위에 공포를 얹고 출목사이를 가려주기 위한 천장이다. 출목과 출목사이의 간격은 넓지 않으나 그 사이에서 위방향으로 올려다 보이는 공포 상부 구조를 은폐시켜 주며 위로부터 떨어져 내리는 당골벽 흙을 막기 위해 설치된 천장이다. 이 천장은 보통 대첨차 위에 얹어 막음하며 다포집에서 많이 볼 수 있다.

(4) 눈썹천장

눈썹천장은 추녀의 뒷몸과 선자의 짜임을 가리기 위하여 퇴칸에 따로 만드는 천장을 만하는데, 우물반자 형태로 하는 것이 보통이다. 성주 태고정, 양동마을 영모정 등이 있다.

(부석사(영주) 범종루)

(불회사(나주) 진여문)

(의령향교(의령) 동재)

(용연서원(포천) 강당)

(운곡서원(경주) 유연정)

(하회마을(안동) 옥연정사 별당채)

태고정(달성)

(양동마을(경주) 영모정)

(곡전재(구례) 사랑채)

동춘당(대전)

5. 대문

5-1. 건물평면 및 입면형태에 따른 분류

■ 일주문(一柱門)

보통 사찰입구에 세워지는 문으로, 출입을 제한하기 보다는 사역)을 뜻하는 의미가 크다. 고대 사찰의 발굴조사에 의하면 우라나라의 고대 가람에서는 일주문의 흔적이 별로 나타나지 않고 있어 그 역사는 오래 되지는 않았지만, 신성한 성역을 뜻하는 상징적인 의의를 지닌 기념물로서는 깊은 역사를 가지고 있다. 현재 남아 있는 예는 대부분이 조선시대의 유구로서, 구조는 통로와 직각이 되게 일직선상의 기둥 2개를 세워서 그 위에 창방과 평방을 가로대고, 또 여기에 양쪽 기둥 위에서 열〈십(十)〉자형으로 짧은 창방과 평방을 짜 그 위에 출목수(出目數)가 많은 다포계(多包系) 공포(工包)를 짜올려 도리와 서까래를 걸고 부연을 올린 형식이다. 또 기둥 앞뒤로는 보조기둥을 세우고 경우에 따라서 이 보조기둥 위에 다시 창방 · 평방을 걸고, 이 위에 다시 공포를 짜 올려 지붕의 하중을 분산시키는 방법도 사용된다. 범어사나 통도사의 일주문과 같이 평면으로 보아 횡으로 일직선상에 기둥 4개를 배열하여 중앙칸과 양쪽 협칸을 만들어 3칸으로 짤 때도 있다. 지붕은 맞배지붕이 보통이지만 경우에 따라 쌍계사나 용문사의 일주문과 같이 팔작지붕으로 처리하는 경우도 있다. 또 기둥아래에는 부식을 방지하기 위하여 돌기둥을 세우기도 한다. 일주문은 공포에 출목을 많이 두로 있어 포작이 화려하고 복잡한 데다, 용두 등의 조각과 금단청을 하여 출입하는 사람으로 하여금 별세계로 들어서는 기분을 가지게 해준다. 일주문에는 보통 문짝을 달지 않는 이 특징이다.

(선운사(고창) 일주문)

(쌍계(하동) 일주문)

(범어사(부산) 일주문)

(불곡사(창원) 일주문)

(화엄사(구례) 일주문)

(환성사(경산) 일주문)

(등명낙가사(강릉) 일주문)

(고운사(의성) 일주문)

(부석사(서산) 사자문)

(동화사(대구) 봉황문)

■ 일각문(一脚門)

기둥을 2개만 두어 간단한 출입문으로 사용하거나, 궁궐 · 양반집에서 협문으로 사용하는 작은 문이다. 보통 문선 기둥 밑에 짧게 빠져나온 신방목(信防木)을 받쳐놓고 그 위에는 기둥을 보강하도록 옆에 붙여세운 용지판(龍枝板)이 있고, 문지방과 상인방 위에는 창방을 걸고 이 창방 위에 직각방향으로 각연(角椽)을 첨차형으로 올리고 그 위에 개판(蓋板)을 얹은 다음 헛집을 짓고 보토를 올려 기와를 이어 지붕을 꾸민다. 일각문은 그 규모가 작아서 보통대문이나 정문으로 쓰이지 않고, 집뜰의 공간을 구분해줄 때 담장에 연결하여 협문으로 사용하는 것이 일반적이다.

(대원사(산청) 요사출입문)

(봉암사(문경) 사유문)

(불갑사(영광) 향로전출입문)

(송광사(순천) 정혜사출입문)

(간월암(서산) 해탈문)

(광남서원(포항) 협문)

(도동서원(달성) 환주문)

(배산서원(산청) 협문)

(덕수궁(서울) 용덕문)

(순흥향교(영주) 협문)

■ 사주문(四柱門)

기둥을 4개 세워 만든 문의 총칭으로, 민가에서 정문으로 이용되지만 후문 또는 측문 등으로도 사용된다. 문짝은 외부 기둥에 달며, 지붕은 맞배지붕 또는 팔작지붕으로 기와를 얹은 예가 많지만, 민가에서는 경우에 따라 짚을 올리기도 한다.

(개심사(서산) 해탈문)

(개태사(논산) 사주문)

(곤양향교(사천) 외삼문)

(동래향교(부산) 사주문)

(경산향교(경산) 사주문)

(태안향교(태안) 내삼문)

(선산향교(선산) 외삼문)

정여창고택(함양)

(성주향교(선산) 외삼문)

(고재선가옥(담양) 중문)

■ 평삼문(平三門)

솟을삼문과 함께 정면으로 보아 3칸의 문을 의미하는데, 지붕의 형태에 따라 중간칸의 지붕을 양측칸의 것보다 높게 하여 꾸민 3칸문을 '솟을삼문'이라 하고, 지붕이 다같이 평평하게 된 3칸문을 평삼문이라 한다. 따라서 솟을삼문은 지붕의 높이부터 중앙칸에 속해 있는 것이 서로 다르다. 평삼문이나 솟을삼문의 지붕은 보통 맞배지붕으로 처리하는 것이 보통이며, 특히 솟을삼문은 측면으로 보아 박공널이 2단으로 보이게 된다. 또 솟을삼문의 경우 문짝의 크기도 중앙칸의 것과 측칸의 것이 차이가 뚜렷하지만 평삼문의 경우는 그리 큰 차이가 없다. 평삼문이나 솟을삼문은 종묘나 재실 · 사당 등에 많이 사용되어 중앙칸은 신도(神道)로,협칸은 제주(祭主)들의 출입구로 이용된다.

(교하향교(파주) 내삼문, 평삼문)

(옥구향교(군산) 외삼문, 평삼문)

(거제향교(거제) 내삼문, 평삼문)

(경주향교(경주) 외삼문, 평삼문)

(덕천서원(산청) 내삼문, 평삼문)

(예연서원(달성) 외삼문, 솟을삼문)

(광주향교(광주) 내삼문, 솟을삼문)

(장수향교(장수) 외삼문, 솟을삼문)

(단성향교(산청) 외삼문, 솟을삼문)

(창녕향교(창녕) 외삼문, 솟을삼문)

■ 3칸문

정면 3칸의 문으로, 특히 궁궐의 정문이나 성곽의 누문(樓門) 등에 중층(重層)으로 세워져 평삼문과는 다소 성격이 다른 문의 구조를 나타내고 있다.

(경복궁(서울) 근정문)

(경희궁(서울) 홍화문)

(덕수궁(서울) 중화문)

(창경궁(서울) 명정문)

(경희궁(서울) 숭정문)

(경희궁(서울) 자정문)

(창덕궁(서울) 인정문)

(창덕궁(서울) 숙장문)

(화성행궁(수원) 신풍루)

(겁외사(산청) 혜근문)

■ 4칸문과 5칸문

4칸문은 사찰의 문으로 현존하는 예는 없으며, 황룡사의 3차 가람 때 중문을 4칸으로 세웠다는 것이 발굴에 의하여 밝혀졌다. 이것은 일본의 호류사의 중문이 유일하게 4칸문인 것과 함께 주목을 끌고 있다. 유교건축물의 경우 일부 향교건축물의 문루 건물에서 그 예를 찾아볼 수 있다. 또 5칸문의 불교건축물로는 공주 신원사 중악단중문, 등을 들 수 있는데,이 경우 출입은 양측칸을 제외하고 중앙의 3칸만을 사용하고 있다. 사찰의 중문일 경우에도 마찬가지여서 양측칸에 인왕상(仁王像)을 안치하여 출입할 수 없게 하는 것이 보통이다. 유교건축물로는 향교건축의 외삼문, 내삼문 등에서 일부 그에를 찾아볼 수 있다.

(태인향교(정읍) 만화루, 4칸)

(흥해향교(포항) 태화루, 5칸)

(신원사(공주) 중악단중문, 5칸)

(과천향교(과천) 외삼문, 5칸)

(양지향교(용인) 내삼문, 5칸)

(개령향교(김천) 내삼문, 5칸)

(김제향교(김제) 만화루, 5칸)

(울산향교(울산) 청원루, 5칸)

■ 중층문(重層門)

궁궐이나 성곽의 문인 경우 밑의 층은 물론이고 2층 위에서도 창마다 두꺼운 널판문을 달아 유사시에 이 위에서 방어를 하며 전투를 할 수 있게 하였다. 이 중층문 중에는 누문과 홍예문(虹霓門)이 있는데, 누문은 주로 궁궐의 내외부의 문이나 지방의 향교 등 사가(私家)에서 많이 쓰였고, 홍예문은 성곽이나 정궁의 외곽문 등에 사용하는 것이 보통이다. 우리나라와 중국에는 밑의 홍예층까지 합하여 3중으로 된 문이 많이 있으나 일본에서는 이러한 예를 별로 볼 수 없다.

(구룡사(원주) 천왕문)

(길상사(서울) 일주문)

(봉은사(서울) 진여문)

(선운사(고창) 천왕문)

(구룡사(원주) 천왕문)

(용궁향교(예천) 세심루)

(안성향교(안성) 문루)

(창덕궁(서울) 돈화문)

(경복궁(서울) 근정문)

(창경궁(서울) 홍화문)

5-2. 기능에 따른 분류

■ 성문(城門)

도성(都城),산성(山城),읍성(邑城)등에 속해 있는 모든 문을 말한다. 대부분 조선시대의 것이 남아 있고 그 이전 것으로는 유적만 남아 있다. 그 중 서울성곽은 도성의 좋은 예로서 동서남북 사방에 문이 있는데, 동쪽에는 동대문, 서쪽에는 서대문, 남쪽에는 남대문, 북쪽에는 숙정문(肅靖門)이 있고, 다시 그 사이인 동북쪽에 혜화문, 서북쪽에 창의문(彰義門), 동남쪽에 광희문, 서남쪽에 소의문(昭義門)이라 하여 모두 8개의 크고 작은 문이 있다. 북문인 숙정문을 제외하고는 모두 홍예 위에 목조문루(木造門樓)를 올린 중층문의 성격을 취하고 있다. 이 중에서도 동대문과 남대문은 목조문루가 중층을 이루고 있으며,특히 동대문은 옹성(甕城)을 두른 점이 특이하다. 또 남대문은 조선초기 다포양식의 문으로서 가장 귀중한 자료의 하나이다. 서울성곽 외에 도성문의 좋은 예는 정조 때 세워진 수원성곽의 문으로 남쪽에 팔달문(八達門), 북쪽에 장안문(長安門)이 있는데, 밑에는 돌로 된 홍예 위에 중층의 누문을 올려서 남대문 · 동대문과 같이 세웠고, 또 문밖에는 전축의 옹성을 쌓았는데 옹성은 평면형태가 반원형을 이루고 있다. 또 이 옹성 가운데는 옹성문을 두고 있으며,그 위에 여장(女墻)과 오성지(五星池)가 있음이 특징이다. 이 들 성문은 동대문이나 남대문과 같이 다포양식의 우진각 지붕을 하고 있으며,모두 5칸문루를 가진 큰 규모의 성문이다. 또 동문으로 창룡문(蒼龍門)이 있고 서문으로 화서문(華西門)이 있는데,이들은 돌로 된 홍예 위에 단층의 목조루를 올려 세운 문이다. 여기에도 옹성이 둘러져 있다. 이 성에는 이밖에도 암문(暗門)이 있어 성내 출입의 편리와 전략적 기능을 겸하고 있으며, 하천에는 수문(水門)을 돌홍예로 잘 쌓아놓고 있다. 이상의 예로 보아 도성에는 4대문을 사방에 두는 것이 기본이며,필요에 따라 사이에 샛문이나 암문을 두었음을 알 수 있고, 도성이 석성(石城)인 경우에는 주요성문은 돌홍예를 쌓아 목조루의 구조를 올리고 있음을 알 수 있다. 이때 홍예구에는 두꺼운 널판문을 달고 경우에 따라 외부에는 철갑편(鐵甲片)을 붙여놓아 적의 화살이나 총탄에 견디도록 하고 있다. 이러한 문을 철갑문이라 부르기도 한다. 산성도 도성의 경우와 같이 4방문을 두었는데, 일반적으로 산세가 험하거나 공사조건이 좋지 않아 도성이나 읍성보다 문의 규모나 조성기술이 떨어지는 예가 많다. 산성의 예로는 삼국시대부터 조선시대까지 많은 예가 남아 있는데, 여기에 나타나는 문의 실존유구는 거의 조선시대의 것이다. 석성의 경우 거의가 돌홍예를 짜 목조루를 올리든가 또는 일반적으로 누 없는 암문을 만들고 있다. 공주의 공산성(公山城)이나 경주의 월성(月星)등 발굴에 의하여 밝혀진 백제 · 신라의 토성은 홍예가 아니고 목조누문임이 알려져서 고구려 벽화고분에 보이는 성곽도(城郭圖)와 같음을 알 수 있다. 우리나라 산성으로서 현재 성문이 남아 있는 예는 남한산성(南漢山城) · 강화산성(江華山城) · 문경 관문성(關門城) · 공주 공산성 등이 있지만 목조누문은 거의 조선시대에 세워진 것이다. 읍성의 경우도 동서남북에 4대문을 두고 있다. 현존 유구인 해미읍성(海美邑城) · 고창읍성(高敞邑城) 등의 유적에서 볼 수 있고, 또 조선시대 그려진 성곽도 등에서도 볼 수 있다.이 중 경주읍성은 현재 유구로는 성곽 일부만 남아 있고 조선말기에 그려진 성곽도에는 사방에 4문이 뚜렷하게 나타나 있는데, 여기에서는 돌홍예를 짜 그 위에 목조누문을 올리고 있음을 볼 수 있다. 해미읍성도 4방에 문이 있었으나 현재는 조선시대에 만들어진 진남문(鎭南門)만이 남아 있다. 이 문은 외부에 홍예를 두르고 내부에는 방형의 출입구를 돌로 짜 문짝을 달게 되어 있어 내외에 홍예를 짠 것과는 다르다. 이러한 예는 다른 산성에서도 가끔 볼 수 있는데,중국에서는 명 · 청대의 궁전 오문(午門)의 예로 반원호형(半圓弧形)의 홍예 대신 방형의 홍예를 틀고 있어 이 방형의 홍예는 예로부터 대륙에서 사용되던 것으로 추측된다. 우리나라의 중층의 홍예성문은 그 내측의 양옆에 문루로 올라갈 수 있도록 계단을 마련하고 있으며, 위에서는 무사석(武士石)에 맞추어 여장을 둘러쌓고 양측계단이 닿는 부분, 출입하는 협문을 목조 또는 전축으로 만들어 판문을 단다. 또 누바닥은 중앙부에는 마루를 2중으로 깔아 그 밑이 바로 돌로 쌓은 홍예의 내부널판지가 되도록 하고 있고, 이 널판자에는 밑에서 용트림의 그림을 단청으로 그려 문의 위엄을 더 한층 높여 주고 있다. 또 여장 안으로 빗물을 배수하기 위하여 홍예석 위쪽 양옆에는 석루조(石漏槽)를 설치하는 것이 일반적이다.

(화성(수원) 장안문)

(해미읍성(서산) 진남문)

(김해읍성(김해) 북문)

(화성(수원) 창룡문)

■ 대문(大門)과 정문(正門)

우리나라는 예로부터 풍수지리설에 의하여 양택(陽宅)을 조성하는 데 있어 주실(主室)의 위치는 물론 대문의 방향과 위치도 중요하게 여겨, 향(向)을 8괘(八卦)로 나누어 주실의 향과 관련시켜 이에 따라 좋고 나쁨을 말하고 있다. 〈임원경제지(林園經濟志)〉 상택지(相宅志)에 보면 북·남·동·동남쪽에 주실을 둔 집은 북서·남서·북동·서쪽에 대문을 두기를 꺼려서 이를 범하면 흉하다고 한다. 이와 같이 대문의 방향은 물론 중문의 위치와 방향도 임의로 하지 않는 전통이 있다.

다만 고대 궁궐과 사찰 배치에서 문의 향과 위치는 당시의 일정한 양식으로 발전된 배치에 따르고 있었다. 우리나라의 건축에서 대문과 정문은 거의 같은 의미로 사용되고 있으나, 엄밀히 구분한다면 대문은 출입에 가장 많이 이용되고 있는 제일 큰 외문을 의미하고, 정문은 그 건물의 정면, 즉 앞면에 위치한 문을 말하는 것이다. 그러므로 전각과 같이 앞면에 문이 여러 개 있어 출입한다면 정문이라고 할 수는 있지만 대문이라고 부를 수는 없다. 즉 대문은 집과 뜰을 두지 않고도 건물 정면에 달려 있는 것을 지칭한다.

(봉선사(남양주) 대문)

(내원사(양산) 대문)

(북지장사(달성) 대문)

(몽심재(남원) 대문채)

(호은종택(영양) 대문)

(용암종택(영덕) 대문)

(외암리마을(아산) 건재고택 대문채)

(홍기응가옥(나주) 대문채)

(황산마을(거창) 신씨고가 대문채)

(사괴당고택(예천) 대문채)

■ 중문(中門)

사찰에서 회랑과 연결되는 문으로, 여기에는 보통 인왕상을 봉안하여 불국토로 들어가는 수문장의 구실을 하게 한다. 그러나 요즈음은 보통 금강문, 천왕문 등이 중문의 기능을 가진다. 특히 근대의 사찰에서는 사천왕문을 세우는 것이 유행하여 정면 3칸문을 하여 중앙칸에만 문짝을 달아 출입하게 하고, 양협칸은 외벽을 치고 내부에는 중앙을 향하여 양측에 사천왕상을 봉안하고 있다. 다만 법주사에는 사천왕문 앞에 금강문을 두어 금강역사상을 봉안하고 있음이 특이하다. 또 해탈문이나 불이문도 중문과 같은 기능을 가진다.

(불회사(나주) 진여문)

(김룡사(문경) 보장문)

(송광사(완주) 금강문)

(유하사(안동) 금강문)

(청평사(춘천) 회전문)

(해인사(합천) 봉황문)

(백양사(장성) 천왕문)

(관촉사(논산) 해탈문)

(현등사(가평) 불이문)

(도갑사(영광) 해탈문)

■ 홍살문(紅箭門)

어떤 경역(境域)을 상징하는 문으로서 보통 사당과 능(陵)·묘(墓)·원(園) 앞에 세우는데, 그 위치와 방향은 풍수도참사상의 영향을 받는 것이 일반적이다. 원래 홍살문의 상징적 의미는 중국 한나라 때부터 있었던 석궐(石闕)과 같은 것이라 생각된다. 석궐이란 중국의 군주(君主)·제현(諸賢)·태수(太守) 등의 권위를 상징하기 위해 그 거처와 고을에 세워졌던 것인데, 이것이 차츰 묘 앞에 세우는 석조각물로써 사용되기 시작한 것이다. 홍살문은 참도(參道) 양쪽에 구멍난 초석을 놓고 높은 목주(木柱)를 세워서 그 위에 가로대를 상하 인방(引枋)과 같이 가로질러 기둥에 꿰고,여기에 수직재(垂直材)인 홍살을 일정한 간격으로 놓는데 중앙에는 태극문양을 장식하는 경우가 많다. 이와 같은 구조에 붉은 석간주(石間朱) 칠을 한 것이 바로 홍살문이다.

(용주사(화성) 홍살문)

(화순향교(화순) 홍살문)

(삼척향교(삼척) 홍살문)

(영춘향교(단양) 홍살문)

(심곡서원(용인) 홍살문)

(장흥향교(장흥) 홍살문)

(돈암서원(논산) 홍살문)

(함안향교(함안) 홍살문)

(통영향교(통영) 홍살문)

(양양향교(양양) 홍살문)

■ 정문(旌門)

충신이나 효자 · 열녀 등을 표창하기 위하여 그 집 앞이나 마을 앞에 세우는 붉은 문을 의미한다. 우리나라의 정문으로는 임경업(林慶業)의 정문과 경기도 용인에 있는 송지겸(宋之謙)의 효자문을 비롯하여, 정면 1칸에서 3칸까지 많은 예가 남아 있다. 정문에는 보통 당사자에 관한 편액(扁額)을 걸어둔다.

■ 객사문(客舍門)

궐패(闕牌)를 모시고 어명을 받아 출장 온 관리들이 잠시 머무르는 건물의 정문을 말한다. 객사문 중에서 가장 유명한 예로는 강릉객사문으로 정면 3칸, 측면 2칸의 주심포 맞배지붕의 구조를 가지는 3문형식을 취하고 있다. 배흘림이 뚜렷한 기둥과 헛첨차가 있는 주심포작은 아름다운 고려시대의 문을 대표하는 건물이라 할 수 있다. 출입은 중앙칸과 협칸 모두 사용할 수 있도록 두짝의 관문이 세군데에 달려 있어, 문의 양식과 규모로 보아 아주 큰 객사터의 정문이었음을 추측하게 된다.

강릉객사문(강릉)

홍산객사문(부여)

안성객사문(안성)

팽성객사문(평택)

(나주객사문(나주) 증수루)

낙안객사문(순천)

인산객사문(보은)

정의객사문(제주)

■ 암문(暗門)과 수구문(水口門)

암문은 성문 중 하나로 문루를 올리지 않고 문의 크기도 겨우 1기(騎)가 드나들 수 있거나 병사 1인이 출입할 수 있게 한 작은 문이다. 적에게 노출되지 않게 출입을 할 수있는 시설이라고 할 수 있다. 또 수구문은 성벽이 하천을 가로지를 때 성벽 밑에 물이 흐르도록 해주는 시설로, 수원성곽의 화홍문(華虹門)은 7칸의 홍예문을 쌓은 좋은 예이다. 이 수문에는 적의 침입을 막기 위하여 철책을 한 예가 많다.

(화성(수원) 서남암문)

(화성(수원) 화홍문)

(화성(수원) 서암문)

■ 아문(衙門)

지방관아의 정문이다.

(보령 관아문)

(직산현(평택) 관아문)

(강원감영(원주) 포정루)

(강화유수부(강화) 승평문)

(울산동헌(울산) 외삼문)

(낙안동헌(순천) 외삼문)

(태인동헌(정읍) 외삼문)

(서산동헌(서산) 외삼문)

(아산군관아(아산) 여민루)

(홍산동헌(부여) 집홍루)

5-3. 구조와 재료에 따른 분류

■ 돌홍예문

기저부(基底部)에 큰 돌을 받쳐놓고 그 위에 수직으로 가공석을 쌓아올리다가 이 위에 이맛돌을 원호의 곡선을 따라 홍예를 틀게 되는데,이 홍예 구조는 위에서 실리는 하중이 양쪽으로 분산되어 재축(材軸) 방향으로만 작용하므로 구조상으로 안전하다.홍예는 석재뿐 아니라 수원성곽에서 보는 바와 같이 벽돌로 쌓기도 한다. 홍예문에는 외부측 홍예의 안쪽으로 두꺼운 판문이나 철갑문을 달아 여닫게 하는데, 여기에서는 문지도리에 확금(礭金)·화금(靴金)을 씌워 문이 잘 여닫게 하며,문띠장에는 외부로 국화동자정(菊花童子釘)을 박아 단단히 고정시킨다. 또 안으로는 문빗장을 각목으로 단단히 걸도록 한다. 내외의 홍예석 좌우에는 무사석을 올려쌓아 수문을 세우는 기단의 기능을 가진다.

(낙산사(강릉) 홍예눈)

(화성(수원) 홍예문)

(화성(수원) 화서문)

(화성(수원) 창룡문)

(위봉산성(완주) 돌문)

(전등사(강화) 삼랑성)

■ 널판문

널로 짜 만든 문으로, 그 용도에 따라 많은 종류가 있지만 대체로 출입을 위한 널판문과 창으로 쓰이는 널판문이 있다. 출입을 위한 널판문은 보통 민가에서 볼 수 있는 대문으로 대부분 안으로 열리게 되어 있으며, 널판의 한쪽 귀를 깎아 지도리를 만들어 둔테에 끼우거나 하여 문짝을 달도록 만든다. 또 보통 빗장은 내부에서도 걸리도록 부착하지만, 부엌문등은 경우에 따라 바깥으로 열리게 하여 내부공간을 되도록 넓게 활용할 수 있도록 빗장도 외부에서 달도록 하기도 한다.

(일붕사(의령) 천왕문)

(김룡사(문경) 설선당)

(송광사(순천) 법왕문)

(약사사(무안) 일주문)

(연곡고택(예천) 대문채)

(두암고택(영주) 안채)

(수도리마을(영주) 농당고택 안채)

(일성당(안동) 사랑채)

■ 사립문

시골집의 울타리문으로 사용되는 문으로 싸리나무나 대나무를 엮어 만든다. 뜰 안이 들여다 보이게끔 엮는데 초가와 아주 조화를 이룬다.

(축서사(봉화) 문수선원)

(낙안읍성 최선준가옥)

(청풍문화단지(제천) 도화리고가)

(청풍문화단지(제천) 후산리고가)

(백양사(장성) 청운당)

(낙안읍성 주두열가옥)

(낙안읍성 김대자가옥)

(낙안읍성 최선준가옥)

■ 철갑문

널판문을 두껍게 하여 그 외부에 철갑편을 갑옷 짜듯 이어 못으로 고정시켜 적의 탄환을 막을 수 있게 한 것이다. 성문 중 흔히 볼 수 있는 것으로, 전주 풍남문(豊南門)이 대표적이다.

풍남문(전주)

남대문(서울)

■ 석판문(석판문)

불탑(佛塔)의 감실(龕室)이나 석총(石塚)등에 사용되는 문이다.

6. 담

담(墻)의 구조는 사용 재료를 어떻게 축조 하였느냐에 따라 형태가 달리 나타난다. 재료들은 각각의 성질에 따라 활용되며 그 특성에 따라 고유한 양상을 나타낸다. 담(墻)의 축조 방법에 따라 고찰하면 다음과 같다.

■ 생울(生垣)

산간 지방이나 농촌의 주택에서 널리 사용하는 담(墻)으로 살아있는 나무를 (垈地)의 경계선을 따라 심어 그 자체가 하나의 울타리 역할을 하게 한 것이다. 가시나무, 개나리, 탱자나무 등이 심어지며 주변의 자연 요소와 잘 어우러진다.

(수도리마을(영주) 김정규가옥)

(수정사(의성) 응진전)

■ 울타리(籬)

보통 〈울〉이라는 것으로 인류의 원시적 주거는 울타리로부터 시작되었다고 할 수 있는데, 주로 나뭇가지로 만들었으며, 울(籬)은 이락(籬落), 파리(巴籬, 藩籬), 바자울(芭子籬) 등으로 불린다. 이는 나뭇가지, 싸리가지, 수수깡 등을 짜서 만드는 농가에서 가장 널리 이용되는 것 중의 하나이며 엮는 방법을 달리하여 변화를 준다.

낙안읍성(순천)

양동마을(경주)

■ 죽책(竹柵)

농촌 주택에서 주로 나타나고 있는 담의 형태이며, 대나무로 엮어 만든 울타리를 말한다.

(수덕사(예산) 무이당)

(청암사(김천) 극락전)

(유가사(달성) 점화실)

(도갑사(영암) 미소당)

(유하사(안동) 금강문)

(법화사(제주) 요사)

(통도사(양산) 원통전)

(해인사(합천) 관음전)

■ 목책(木柵)

통나무를 땅에 박아 만든 것으로 농촌 주택에 쓰이며, 방어 시설로서 담(墻)의 가장 원초적인 형태로 쓰여졌다. 그 성격은 일반 농가의 담이라기 보다 성곽의 성격이 더욱 뚜렷한 것이다.

(수종사(남양주) 경학원)

(내소사(부안) 종무소)

■ 판장(板墻)

나무 기둥을 일정한 간격으로 세우고 여기에 가로로 인방(引枋)을 보낸 후 널판을 대서 만든 것이다. 이 판장은 과히 아름답지 못한 결점을 가지고 있다.

■ 돌담(石墻)

① 막돌 허튼층 쌓기

지방의 일반 농가에서 널리 이용되며 대부분의 경우 이 돌담의 상부에 초가지붕 혹은 기와 지붕을 설치하여 몸체의 지붕과 조화되도록 한다.

(미황사(해남) 응진전)

(월정사(평창) 방산굴)

(화엄사(구례) 일주문)

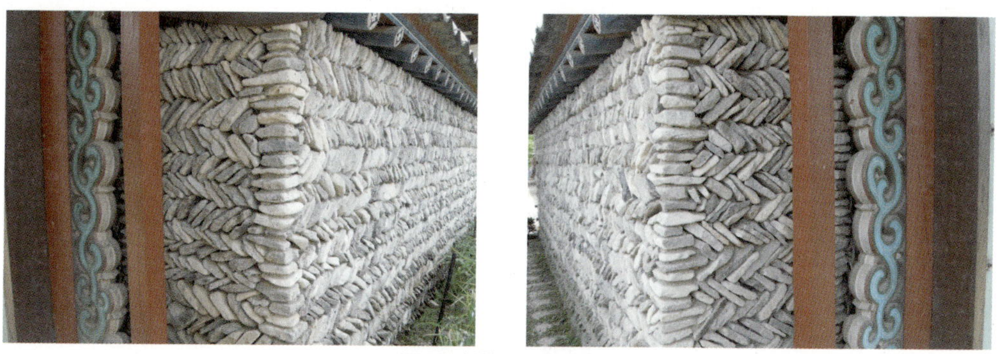

(운문사(청도) 불이문)

(개원사(광주) 안심요)

(광남서원(포항) 협문)

(안의향교(합천) 내삼문)

(함양향교(함양) 태극루)

(곡전재(구례) 대문채)

(녹우당(해남) 대문)

단계마을(산청)

금당실마을(예천)

한밤마을(군위)

외암리마을(아산)

② 다듬은돌 바른층 쌓기

사고석(四塊石)을 석회줄눈으로 층을 맞추어 쌓는다. 이 돌담의 상부에는 일반적으로 기와 지붕을 한다. 이는 담(墻)을 이용하는 건축이 궁궐건축, 관아건축, 상류주택 등 높은 수준의 건축이기 때문이다.

(해미읍성(서산) 진남문)

(창덕궁 낙선재(서울) 장락문)

(창덕궁 연경당(서울) 통벽문)

(창덕궁(서울) 수강재)

(경복궁(서울) 태원전)

■ 토담(土墻)

일반 농가에서 널리 사용되는 담(墻)으로 흙과 지푸라기, 석회들을 쌓거나 아니면 여기에 돌을 넣어 쌓기도 하며 이 담(墻)의 상부도 초가지붕 또는 기와지붕을 설치하며, 역시 몸체의 지붕과 같은 재료로 처리한다.

(문빈정사(광주) 응향각)

대전사(청송)

(백련사(강진) 육화당)

(낙산사(강릉) 원장)

(백양사(장성) 설선당)

(불회사(나주) 심검당)

(성주향교(성주) 내삼문)

(괴시리마을(영덕) 천전댁)

(선암서원(청도) 대문채)

(최참판댁(하동) 대문채)

황산마을(거창)

학동마을(고성)

괴시리마을(영덕)

닭실마을(봉화)

하회마을(안동)

한개마을(성주)

삼지천마을(담양)

함라마을(익산)

■ 벽돌담(檣)

검은 벽돌로 쌓아 만든 담은 중, 상류 주택, 궁궐 등에서, 붉은 벽돌로 쌓은 담은 주로 궁궐건축에서 널리 이용되었으며, 이들은 모두 상부에 기와지붕을 얹었다.

(교동손씨가옥(밀양) 대문채)

덕수궁(서울)

(창덕궁(서울) 낙선재)

(경복궁(서울) 자경전)

(창덕궁(서울) 석복헌)

■ 복합형돌과 벽돌을 혼용

대체로 아래 부분은 돌로, 윗 부분은 벽돌로 하며, 상부에는 기와 지붕을 한다.

(경복궁(서울) 협경당)

운강고택(청도)

(운현궁(서울) 노안당)

(용궁사(부산) 만복문)

7. 기타

7-1. 단청

건축물이 처음 완공되어 모든 부재가 자연 그대로 단청하기 전의 상태를 '백골집'이라 부른다. 여기에 처음으로 도채하는 단청을 가리켜 지금까지 달리 부르는 용어가 없기 때문에 '일반단청'이라 이름하고자 한다. 이를 간혹 '신색단청(新色丹青)'이라 부르기도 하는데, 이 말은 고색단청(古色丹青)의 상대적 개념에서 붙여진 이름이다. 한국단청의 조형양식에는 건물의 중요도 등급에 따라 여러 가지가 있으나 크게는 다섯 가지, 세분하면 여덟 가지로 구분할 수 있다.

5종 분류 : 금단청, 얼금단청, 모로단청, 긋기단청, 가칠단청

8종 분류 : 갖은금단청, 금단청, 얼금단청, 금모로단청, 모로단청, 모로긋기단청, 긋기단청, 가칠단청

■ 가칠단청

가칠단청은 부재의 영구성을 주목적으로 하는 가장 낮은 등급의 양식이다. 선이나 각종의 문양을 전혀 장식하지 않고, 몇 종류의 색으로만 2회 이상 반복으로 칠하여 마무리한다. 가칠에 사용되는 안료는 뇌록·석간주·육색·백분·미색·삼청·삼록·양록 등으로 다양한데 뇌록과 석간주가 가장 많이 쓰인다. 부재의 면닦기가 완료되면 바탕면에 교착제를 포수하고 건조 후 다시 바탕칠을 도채한다. 다시 바탕칠이 완전히 마른 뒤에 각 부재에 적용되는 색으로 2회 이상 가칠을 시채한다. 창방 이상의 가로 부재에는 뇌록을 가칠하며, 기둥을 포함한 그 이하 부재와 합각판 등에는 석간주를 가칠한다. 각종 벽에는 토육색·주홍육색·삼청·삼록 등을 가칠하며, 연

목사이의 연골에는 분가칠을 시행한다. 또한 부위에 따라 다른 색도 추가될 수 있다. 이 양식은 주로 사찰의 요사채나 궁 · 능의 협문, 일반주택에 적용된다.

■ 긋기단청

가칠단청에서 한 단계 진보한 것으로 부재에 바탕칠한 후 먹 · 분선긋기로 마무리하는 방식이다. 먼저 각 부재에 상응하는 바탕색을 칠하고 건조한 후 부재의 형태에 따라 먹선 · 분선을 틈이 벌어지지 않게 밀접시켜 복선으로 긋는다. 창방 이상의 목부재와 각종의 벽에만 선긋기를 하고, 석간주가 칠해지는 기둥 이하의 부재에는 생략한다. 긋기는 경우에 따라 한두 종의 색을 더 사용할 때도 있으며, 화반 · 익공 등의 초각에는 그 형상을 따라 먹 · 분선긋기로 문양을 넣기도 한다. 또는 부연 · 서까래 · 출목 등의 마구리에는 매화점 · 연화문 · 대평화등의 간단한 문양을 넣는 경우도 있다. 주로 사찰의 오사채나 향교 · 서원의 부속건물 등에 적용된다.

■ 모로단청(머리단청)

〈머리단청〉 또는 〈모루단청〉 이라고도 부르는데 이 말은 목부재의 끝 부분에만 머리초문양을 장식한다 하여 붙여진 이름이다. 즉 '모로'란 '머리'의 발음이 변이된 것임을 알 수 있다. 휘장식을 포함하여 머리초문양의 적용 범위는 대게 목부재 길이의 약 1/3정도로 잡는 것이 보통이다. 그러나 부재가 대량처럼 아주 길거나 짧은 경우는 적용범위도 달라진다. 부연과 서까래 등에는 처마끝 부분에만 머리초를 장식한다. 창방 · 평방 · 도리 · 대량 등에는 양단에 각각 머리초를 장식하며, 중간(계풍)은 뇌록바탕에 선긋기로 마무리한다.

머리초무늬는 다소 간략하게 도안하고, 휘장식 역시 2~4개 정도의 간단한 늘휘나 인휘로 구성한다. 직휘는 복잡하지 않은 먹직휘나 색직휘 등을 사용하고, 색상은 명도 2빛으로 도채한다. 이 양식은 전체적으로 복잡하거나 화려하지 않고 단아한 느낌을 자아낸다. 주로 사찰의 누각 · 궁궐의 부속건물 · 향교 · 서원 · 사당 · 정자 등에 적용된다.

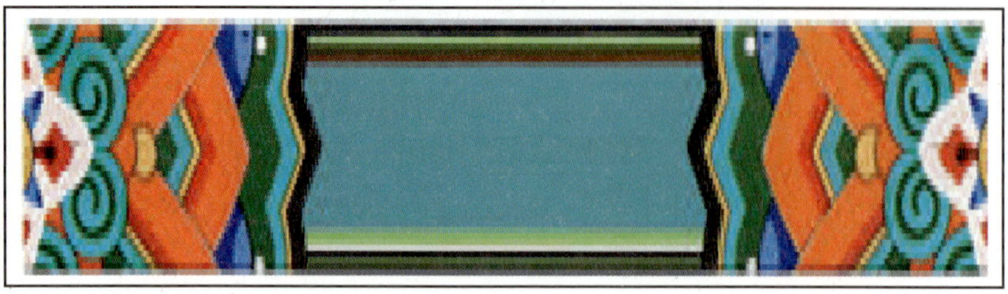

■ 얼금단청

얼금단청의 조형양식은 최고 등급인 금단청과 모로단청의 절충형이다. 다른 말로 '금모로단청'이라고도 하는데 세분하면 그보다 약간 상위 등급으로 분류되기도 한다. 원래 〈얼금〉이란 의미는 꼐풍에 금문이나 당초문을 얼기 설기 넣기 때문에 붙여진 이름이라는 설도 있다. 따라서 계풍에 뇌록가칠만을 하는 금모로양식과는 약간의 차별성을 보인다. 머리초는 모로단청보다 다소 복잡하게 도안하여 금단청과 거의 동등한 수준으로 출초한다. 휘장식은 대개 인휘로 구성하는데 그 수는 3~5개가 보통이다. 중간 꼐풍에는 계획된 출초 없이 즉석으로 간단한 당초문을 그리거나 단색계열 2빛의 금문을 넣기도 한다. 포벽에도 출초하지 않고 간단한 당초문을 장식한다.

■ 금단청

금단청은 최고등급의 장엄양식이다. 이 양식의 명칭에 비단 〈금〉(錦)자를 붙인 이유는 두 가지를 들 수 있다. 우선 비단에 수를 놓듯이 모든 부재를 복잡한 문양과 화려한 채색으로 장식하기 때문이다. 또 하나, 금단청양식에는 금문이 추가로 장식되는데 이 때문에 〈금단청〉으로 불리게 되었다고 한다.

금단청의 머리초는 병머리초 · 장구머리초 · 겹장구머리초 등의 화려한 문양을 적용하고 골팽이에 번엽을 추가하기도 한다. 휘 역시 가장 복잡한 바자휘를 4~6개 사용하여 화려함을 더해준다.

직휘는 장단 직휘를 사용할 수 있으나 대개는 금무늬 직휘를 장식하며 부재의 뒷 끝머리에까지 문양을 도채하는데 이것을 '뒷목초'라 부른다. 계풍에도 각종의 금무늬를 장식하고, 중심부에 풍혈 또는 안상(眼狀)을 구획하여 그 안에 용 · 봉황 · 학 · 신수 · 화조 · 산수 · 사군자 · 비천 · 인물 등의 별화를 장식한다. 또한 문양 전체 황색 줄에는 금박으로 도금하여 찬란한 광채의 효과를 극대화시킨다. 포벽에는 각종의 부처님상을 묘사하는데 이것을 '불벽화'라 하며, 화려한 보상화문을 도채하기도 한다. 이러한 장엄양식은 대웅전 · 대웅보전 · 극락전 · 비로전등 부처님을 모신 사찰의 중심 법당에 적용된다.

■ 갖은금단청

금단청보다 더욱 화려한 것으로 각종 문양을 더욱 세치하고 극도로 화려하게 장엄하는 조형양식을 말한다. 즉 금단청보다 문양을 더욱 밀도 있게 도채하고, 각종의 별화를 화려하게 장식한다. 또한 고분법이나 돋음직을 이용하여 문양을 도드라지게 표현하거나 그 위에 금박을 사용하여 찬란한 광채의 장엄효과를 극대화한다. 이 양식은 금단청을 더욱 화려하게 장엄하려는 의도에서 파생되었다. 따라서 금단청과 양식적으로 큰 차이가 없으며, 아주 잘된 금단청을 〈갖은금단청〉이라 부르는 것이다. 이 양식은 많은 시간과 고가의 경비가 소요되기 때문에 사찰의 대불전에만 지극히 제한적으로 적용되고 있다. 이 밖에도 모로긋기단청이 있으나 이 역시 근래에 나타난 절충형으로 긋기단청과 모로단청의 중간에 해당되는 양식을 말한다. 이러한 장엄의 종류는 각각 그 품격이 다르므로 대상 건물의 성격과 주위의 환경 등을 잘 파악하여 격에 어울리는 단청을 해야 한다. 일례로 부처님을 모시지 않는 부속전각이나 요사채 등에 최고 등급인 금단청을 하는 것은 격에 어울리지 않는 일이다.

7-2. 잡상

우리나라의 잡상은 서유기(西遊記)에 나오는 삼장법사, 손오공, 저팔계 등의 명칭을 붙이고 있다. 건축이나 공예의 장식에서 사용되는 문양에는 사신상〈靑龍 白虎 朱雀 玄武 十二支神像 十長生(해 산 불 돌 소나무 달 불로초 거북 학 사슴)〉 사군자 연꽃 등이다. 그럼에도 삼장법사, 손오공 등이 건물의 마루에 등장한다. 불교와 관련된 이야기인데 유교를 통치이념으로 했던 조선조에서 궁전이나 궁궐과 관련이 있는 건물의 지붕 위에 불교적이라고 할 수 있는 서유기의 등장 인물과 짐승들의 형상을 잡상으로 했었던 점이 의문시 되나 잡상들의 개체에 대하여 살펴 봄으로서 그 이해가 가능하리라 생각된다

■ 대당사부 (大唐師父)

대당사부는 잡상의 첫순위 (맨 앞자리)에 놓인다. 대당사부는 당(당)나라때 현장(玄奬)이라는 승(僧)으로 법명이 삼장법사(三奬法師)이다. 삼장법사는 천축(天竺)으로 佛經을 구하러 가는 길에 손오공 저팔계 사오정을 데리고 간다. 천신만고 끝에 불경을 구하여 당나라로 돌아 오는 이야기를 엮은 소설이 서유기 (西遊記)이다. 대당사부는 실제 인물이었기 때문인지 사람의 얼굴 모습으로 삿갓을 쓰고 있는 형상이다. 창덕궁 인정문에 설치된 잡상에서 실측한 크기는 키 (높이)가 0.43미터, 어깨폭 0.27미터, 전후폭(발과 등) 0.35미터이다. (이하 수치는 창덕궁 인정문의 잡상의 크기를 실측한 수치로 다른 건물도 이와 비슷하다.)

■ 손행자(孫行者)

손행자는 孫悟空이라고도 한다. 돌원숭이인데 삼장법사를 따라 천축으로 불경을 구하러 가는 길에 삼장법사를 호위하며 길동무가 되었다. 서유기라는 소설속의 주인공이 되는 조화(造化)의 영물이었다. 손행자는 원숭이의 얼굴 모습을 하고 있으며 삿갓을 쓰고 앞발을 버티고 앉아 있다. 키가 0.35미터, 어깨폭이 0.11미터, 전후폭이 0.9미터이다.

■ 저팔계(豬八戒)

저팔계는 손오공과 같이 삼장법사를 따라 천축에 갔던 멧돼지이다. 저(豬)는 돼지이고 팔계(八戒)는 부처님이 가장 싫어하는 여덟 가지의 음식물을 뜻하기도 한다. 얼굴의 모양은 돼지의 형상이며 삿갓은 쓰지 않았다. 키는 0.35미터, 어깨폭이 0.13미터, 전후폭이 0.23미터이다.

■ 사화상(獅畵像)

사화상(獅畵像)은 사화상(沙畵像)이라고도 한다. 〈獅〉자는 사자이고 〈沙〉자는 서유기에서 나오는 사오정(沙悟淨)의 '沙'자로 풀이하면 사오정 역시 손오공과 같이 삼장법사를 호위했던 괴물로, 원래는 옥황상제를 모시고 궁전에서 수렴지기를 했다는 짐승이라고 한다. 얼굴 모습은 사자상을 하고 있으며 삿갓은 쓰지 않았다. 크기와 앉은 자세는 저팔계와 비슷하다.

■ 이귀박(二鬼朴)

우리 나라의 용어에는 보이지 않은 단어로 불교의 용어를 빌려 풀이하면 〈二鬼〉는 〈二求〉의 다른 음(音)으로 보아, 二求는 중생이 가지고있는 두 가지 욕구인데 낙(樂)을 얻으려는 得求와 낙을 즐기려는 命求이다. 생김새는 허리의 앞과 뒤에 뿔이 난 짐승의 형상이다. 크기와 앉은 자세는 다른 잡상과 비슷하다.

■ 이구룡(二口龍)

입이 둘이어서 二口龍이라고 했을까? 머리에는 두개의 귀가 나있고 입은 두 개로 보인다. 크기와 앉은 자세는 다른 잡상과 비슷하다.

■ 마화상(馬畵像)

마화상은 말(馬)의 형상을 하고 있다. 서유기에는 〈필마온(弼馬溫)〉이라 하여 〈馬〉자를 쓴 것과 출세마왕(混世摩王)이라고 하여 '摩'자를 쓴 것이 있는데 지금까지 사용된 용어에는 음으로는 같으나 한자(漢字)가 다르게 馬畵 魔畵 麻畵 등으로 표기 되어 있다. 크기와 앉은 자세는 다른 잡상과 비슷하다.

■ 삼살보살(三殺菩薩)

살(殺)은 살(煞)과 같은 의미이며 삼살(三煞)이란 세살(歲煞) 겁살(劫煞) 재살(災煞)등으로 살이 끼어서 불길한 방위라는 뜻으로 쓰이는 용어이다. 보살은 불교에서 위로는 부처님을 따르고, 아래로는 중생을 제도하는 부처님에 버금가는 성인(聖人)이다. 이 두가지의 뜻으로 해석하면 삼살보살이란 모든 재앙을 막아주는 잡상이라고 생각된다. 잡상에서는 대당사부와 같이 인물상으로 표현되어 있다. 두 손을 합장하고 무릎위에 팔꿈치를 받치고 허리를 꾸부려 앉은 모습이다. 크기는 다른 잡상과 비슷하다

■ 천산갑(穿山甲)

인도 중국 등지에 분포된 포유동물의 일종이다. 머리 뒤통수에 뿔이 돋혀 있고 등이 다른 잡상보다 울퉁불퉁 튀어 나왔다. 크기와 앉은 자세는 다든 잡상과 비슷하다.

■ 나토두(羅土頭)

나토두의 형상은 상와도에 그려져 있지 않다. 나토라는 짐승은 알려져 있지 않으나 〈나티〉의 다른 표기라고 생각된다. 나티는 짐승같이 생긴 귀신으로 작은 龍의 얼굴형상 또는 검붉은 곰의 형상이라고 한다.

■ 건축물 잡상 실례

(창경궁(서울) 문정전)

(덕수궁(서울) 덕홍전)

(경복궁(서울) 강녕전)

(덕수궁(서울) 함녕전)

(창덕궁(서울) 돈화문)

(종묘(서울) 정전)

(종묘(서울) 영녕전)

(경희궁(서울) 태령전)

(경희궁(서울) 숭전전)

(창경궁(서울) 통명전)

(흥국사(남양주) 대웅보전)

(흥국사(남양주) 만월보전)

7-3. 온돌과 굴뚝

온돌은 아궁이에 불을 때서 방바닥 밑의 구들장을 데워 그 열이 사람에게 직접 전달되거나 방 안의 공기를 데우는 장치로서 우리나라 고유의 난방방식이다. 온돌난방은 멀리 고구려시대의 장갱으로부터 유래된 것이 온돌로 점차 발전되어 온 것이다. 온돌 내부구조의 주요부분은 아궁이와 고래이다. 온돌은 연료가 아궁이에서 타서 부넘기를 통해 열과 연기를 고래로 이끌어 들이는 구조로 방고래로 들어가면서 급경사를 이루어 높아지다가 다시 약간 낮아지는 부넘기가 있다. 부넘기는 불길을 잘 넘어가게 하고 불을 거꾸로 내뱉지 않도록 한다. 고래는 열과 연기가 지나가는 통로로 여러 종류가 있다. 불길이 고래에서 굴뚝으로 연결되기 전에 고래보다 깊이 파인 골이 있어 재나 연기를 머무르게 하는데 이를 개자리라고 한다. 여기에 열과 연기가 머물다가 굴뚝으로 빠져나가므로 구들의 온기를 더욱 오래 유지할 수 있다.

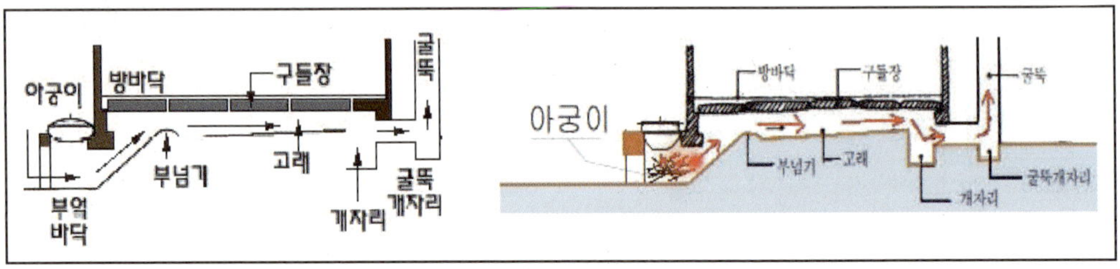

■ 온돌의 구조

(1) 연소부분

① 아궁이(분구, 화구, 곡구락, 취구, 솥자리, 부넹기)

불을 피울때 공기와 연료를 공급하고, 불을 잘 타게 하기 위한 부지갱이의 사용통로로 연소상태 확인이 가능. 연소가 잘 되려면 산소의 공급이 잘 되어야 하므로 아궁이는 부엌바닥과 같게 낮추고, 앞이마도 낮춰 연기가 밖으로 나오지 못하게 한다.

② 부뚜막 후렁이(불주머니, 화상, 연소실)

아궁이에서 공급된 공기로 인해 연료가 연소된 후 급격히 체적이 팽창될 경우 이를 완화시켜주고, 불꽃표면에 산소를 원활히 공급, 밑에서 위로 유체의 흐름이 좋게 유선형으로 되어 있고, 연소시의 팽창압력으로 부넹기로 유입.

③ 불고개(불넘개, 부넹기, 불목)

부뚜막 후렁이와 구들 개자리를 연결하는 통로. 양쪽의 압력차에 의해 열기의 흐름을 조절하며, 굴뚝에서 오는 역풍도 막아준다.

(2) 채난부분

① 구들개자리

연소시 흡입되는 재를 갈아 앉히며, 개자리를 공간의 크기에 따라 연소공기의 속도에 영향을 주어, 연소가스의 흐름을 조절한다.

② 고래

굴뚝쪽은 높고 구들 개자리쪽은 낮아서 저온의 연소가스가 고래바닥으로 내려오고, 고온의 연소가스는 상부로 다시 올라가며 축열된다. 주로 돌(각석 혹은 편석)과 진흙을 섞어서 쌓는다.

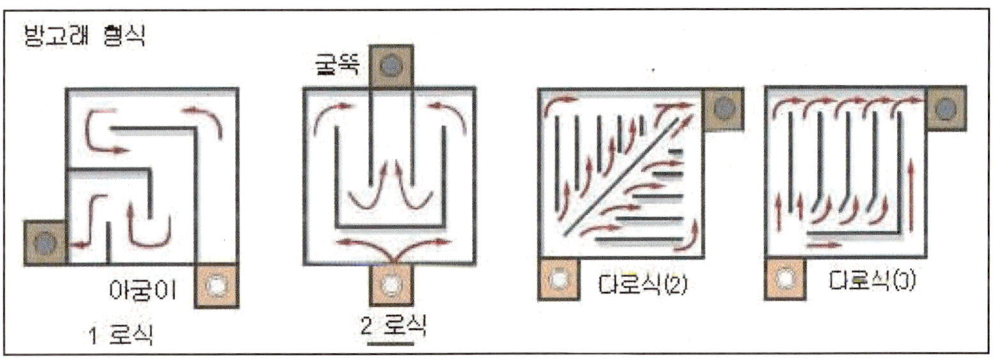

③ 구들장(온돌석, 방장)

연소가스에 의해 가열되어 축열을 한다. 주로 화강암 판석을 사용하며 아궁이에서 가까운 부분은 낮게, 먼 부분은 높게 설치하여 아궁이 가까운 곳은 점토를 두껍게 바르고, 먼 곳은 얇게 발라 바닥온도를 균일하게 하도록 한다. 특히 구들 개자리를 덮는 큰 구들장을 이맛돌이라 한다.

④ 고래개자리(개고래, 가루고래, 언골, 도구, 회골, 머리골)

연소된 재를 갈아 앉히며 그 크기에 따라 연소공기의 속도에 영향을 주어 연소가스의 흐름을 조절한다.

⑤ 자갈, 세석

구들장 위에 진흙 반죽을 덮어 깔되, 구들장 사이의 구멍을 잔돌로 메워 진흙이 고래로 새서 빠져 나가지 않게 한다.

⑥ 부토

마른 진흙을 세석 위에 부어 부토 후 밟아 다지고 수평이 되도록 한후, 초새 및 재새를 한다.

⑦ 초새(초벌 바르기), 재새(재벌 바르기), 마감바르기

진흙 반죽을 흙손으로 초벌 바른 후, 완전 건조된 뒤 다시 중벌 바르기를 하며, 마지막으로 진흙을 물에 타서 진흙앙금을 만들거나 진흙을 채로 쳐서 세사를 써서 반죽하여 수평한 진흙 피막이 형성되도록 바른다.

(3) 배연부분

① 굴뚝개자리

연소된 재를 갈아 앉히며 그 크기에 따라 연소공기의 속도에 영향을 주어 연소가스의 흐름을 조절한다.

② 연도

진흙을 두껍게 바르고 볏짚을 엮어 보온하여, 열을 뺏기지 않도록 하며, 연기의 배연통로로서 작용한다.

③ 구새(굴뚝, 연돌, 연통)

연기의 급속한 방출을 막고 비나 눈이 들지 않게 하며, 구들 안에 있는 열기의 최종배출구이다.

④ 소제구멍

■ 고래의 종류

고래의 이름은 모양에서 따온 것으로, 될수록 열이 분산되어 구들이 골고루 따뜻하도록 고안하였다. .화살표는 열과 연기가 지나가는 것을 뜻한다.

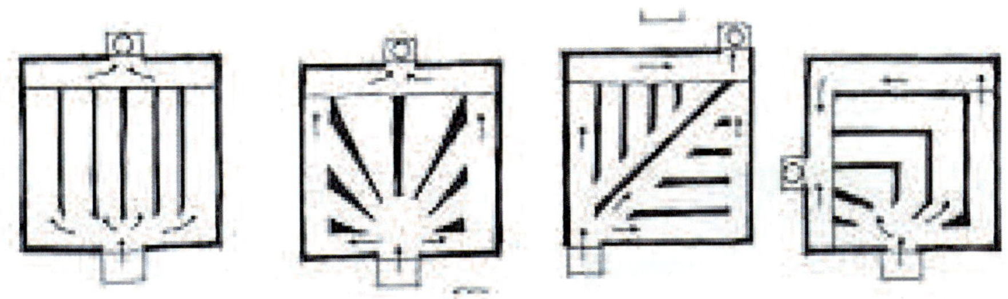

■ 굴뚝

굴뚝은 부엌 아궁이에서 불을 지필 때 생기는 연기를 뽑아내는 작용을 한다. 그러므로 굴뚝 시설이 좋아야 아궁이에 불이 잘 들고 방이 따뜻했다. 굴뚝을 세울 때 우선 멍에골에서 밖으로 멍에골 깊이보다 좀 얕게 굴뚝골을 내고 그 끝에 좀더 깊게 개자리를 파며 그 위에 흙담 또는 돌담으로 원추형 혹은 사각주형에 가까운 형태로 굴뚝을 쌓았다. 이렇게 쌓은 굴뚝의 높이는 거의 처마 밑까지 이르게 하였다. 그러나 지방에 따라 축조한 굴뚝 위에 나무구새통과 같은 것을 세워 놓아 그 높이가 지붕마루 높이와 같게 하거나 그 이상 높게 하기도 하였다. 반대로 지면에서 몇 개의 돌을 이용하여 낮게 축조하거나 구새통만을 세우기도 하였다. 이러한 차이는 지형조건을 고려한 것이다. 주로 산간지대에서는 굴뚝을 지붕마루보다 높게 세우고 야산지대에서는 굴뚝을 지붕 처마 높이와 비슷하게 하거나 그보다 약간 높게 하였다. 이것은 산이 높은 곳에서는 굴뚝이 높아야 바람의 영향을 적게 받아 불이 잘 들고 산이 낮은 지대에서는 굴뚝이 높지 않아도 불이 잘 들기 때문이다. 굴뚝의 형식과 재료 등에서 차이는 지방의 지형조건을 반영한 것이었다.

■ 굴뚝의 종류

남쪽지방은 북쪽보다 따뜻하기 때문에 아궁이에서 온 열이 굴뚝으로 쉽게 빠져 나갈 수 있게 아예 굴뚝이 없는 경우도 있다. 그러나 북쪽지방은 조금이라도 따뜻한 열을 지녀야 하기 때문에 굴뚝을 높게 만들어 열도 보호하고 바람이 고래 안으로 들어 오는 것을 막았다. 아궁이와 구들은 어느 지방이나 거의 비슷한 형태지만 굴뚝은 지역에 따라 큰 차이를 보인다.

북방지역은 열도 빼기지 않아야 하고 서북풍이 역류해도 안 된다. 그래서 굴뚝을 어디에 두느냐에 많은 고민을 하였다. 굴뚝을 그냥 외기에 노출시키지 않게 두껍게 감싸 외기를 차단하고 개자리를 파서 열기가 더 머물뿐 아니라 역풍이 들어와도 차단하는 기능을 발휘한다. 남방지역은 북방지역보다 훨신 따뜻한 기후로 굴뚝에 대한 세심한 주의가 필요가 없었다. 점차 위축이 되어간다. 심지어는 고래끝에 구멍날을 내어 개굴을 노출시키는 너무나도 다른 형태의 굴뚝이 나타나기도 한다.

(남방식 굴뚝)

(북방식굴뚝)

불갑사(영광)

신륵사(여주)

파계사(대구)

함정균가옥(고성)

갈암종택(영덕)

호은종택(영양)

해월헌(울진)

송소고택(울진)

김진호가옥(삼척)

(남산한옥마을(서울) 김춘영가옥)

(해우당고택(영주) 안채)

(병산서원(안동) 동재)